SHODENSHA SHINSHO

異常気象はなぜ増えたのか

――ゼロからわかる天気のしくみ

森 朗

JN173251

祥伝社新書

はじめに

私がテレビの天気予報の仕事に就《つ》いて22年になります。当時は、まだパソコンや携帯電話が普及し始めた頃で、天気予報の伝達手段はテレビ、ラジオ、新聞、電話（177）ぐらいしかありませんでした。しかし、今ではインターネットなどでも簡単に入手できます。

特に、利用者の好きなタイミングで詳しい情報を得られる専用ホームページ、新しい情報が出るたびに自動的に送受信できるアプリケーション、発信者と利用者が相互に情報交換できるソーシャルネットワークなどは、たとえば突然の大雨の時など、すぐに詳細情報を入手できて大変便利です。

これらに比べて、テレビやラジオは放送時間が限られており、もはや新しいメディアに敵《かな》わないのではないか、と一時は真剣に悩みました。しかし、放送の現場にいると、テレビの天気予報の重要性はますます増しているように感じます。現在、災害時はもちろん、そうでない時も天気予報や気象に関するニュース・話題にかなりの時間を割《さ》いており、詳しく解説する機会はむしろ増えているからです。

これは、大雨や猛暑などの厳しい天気現象やゲリラ雷雨などの異常気象が増えていることと無関係ではありません（異常気象については第4章で詳述します）。「観測史上1位」「記録的」「これまで経験のない」などの見出しが多くなり（写真1）、時には甚大《じんだい》な被害をもたらします。そのたびに、いったい何が起こっているのか、何が原因なのか、同じ現象や災害は他の場所でも起こるのか、という疑問が湧《わ》いてきます。

注意や警戒を喚起《かんき》する一次情報を速《すみ》やかに伝えることは大変重要ですが、それだけではなく、このような疑問や不安に丁寧《ていねい》に応《こた》えることは、次に同じような現象が起こった時、被害を最小限にするために有効です。また、さまざまな映像や解説は、現場から離れた人たちに事態の深刻さを伝えることができ、わが身が同じ状況に置かれた場合の状況を想定して備えることもできます。

しかし、テレビができることはここまでです。災害が身近に迫った時、まず届くのは、天気予報、警報、注意情報などの各種情報、あるいは自治体からの避難に関する情報です。その情報を受け取って的確に対処するには、何が起こっていて、どう行動するのがべストかを自分で判断しなければなりません。

自宅から出て避難所に向かうべきなのか、自宅にとどまったほうがいいのか。こうした咄嗟《とっさ》の判断の材料として役に立つのが、気象に関する知識です。テレビ、ラジオ、インターネットが使えなくなった時、それ以前に得ていた気圧配置などの情報から、のちの展開を想定できれば、落ち着いて最善の対応を取ることができます。

このように、天気予報は防災情報であることが第一ですが、重要な生活情報でもありますし、身近な科学として教養の糧《かて》であり、娯楽でもあります。

写真1 記録的高温

2014年8月5日、群馬県館林《たてばやし》市で観測された気温40℃

（出所：毎日新聞社）

本書は、天気や気象に関して知っておいていただきたい知識や情報をわかりやすく提供するものです。この本を手に取られた方の災害に対する備えの役に立てれば、これに勝《まさ》る喜びはありません。何よりも、天気という自然現象のおもしろさを感じ取っていただければ幸いです。

二〇一七年九月

森《もり》 朗《あきら》

目次

第3章　実は謎が多い　日本の気象

第4章 ここまでわかった！ 異常気象

図表作成　著者
図表ＤＴＰ　篠　宏行

第1章　必ず役に立つ！

天気図の見方

願掛《がんか》け・占い・予報

人間は、昔から天気に振り回されてきました。狩猟、採集、漁労など、自然から糧《かて》を得ていた時代、日々の収穫は天気次第でしたし、農業、漁業が産業として発展した現代も、その成果は天気や気候に大きく左右されます。その影響は農業、漁業など第一次産業だけでなく、第二次産業（建設業、製造業など）はもちろん、第三次産業（物流、金融、サービスなど）にまでおよびます。

現在、日常生活は便利になり、多少天気が悪くても、いつもと変わらない日常を送ることができますが、それでも、日々の服装や持ち物の選択、交通機関の状況など相変わらず、天気が生活にとって重要な情報であることに変わりありません。

前もって天気がわかれば、さまざまなリスクを避けることができますが、天気予報ができる前は、何が起ころうと、リスクを受け入れるしかありませんでした。そこで行なわれたのが、雨乞《あまご》いに代表される「願掛《がんか》け」です。人間にとって都合の良い天候を神仏《しんぶつ》に願い、結果は成り行きまかせ。願いが叶《かな》えば、それは天に祈りが通じたことを意味し、叶わなくてもしかたがないという、自然への畏《おそ》れと諦《あきら》めに根差した行為です。

願いを天に届けることができた人物が崇《あが》められ、国家権力を掌握することもあったようで、政変にかかわる重大事でもありました。

「願掛け」と似たものに「占い」があります。主に農産物の豊凶《ほうきょう》を占うものですが、それを左右するのは主に天候ですから、「天候占い」と言ってもいいでしょう。

「占い」が「願掛け」と違うのは、曲《ま》がりなりにも将来の状態を知ろうとしていることで、身近なところでは、てるてる坊主が「願掛け」、下駄《げた》飛ばしが「占い」にあたります。ただ、占いの結果で対策を講じるかというと、実際にはそこまで信用できるものではありません。

これらに対して、ある程度根拠があり、対策を講じる価値のあるものが「予報」です。命がけで漁に出る漁民、嵐ひとつで1年間の収穫を失う農民にしてみれば、神頼みの成り行きまかせというわけにはいきません。幸い、人間は定住生活を送っていましたから、周囲の風景や状況の変化を毎日見ています。そして、見聞きしたことを何代にもわたり、語り継ぎました。その言い伝えのなかで、繰り返し現われることが経験則となり、現代まで「ことわざ」として伝わっています。

「願掛け」「占い」「ことわざ」は、どれも非科学的な印象があるかもしれませんが、「ことわざ」のなかには、統計的に有意《ゆうい》なもの、のちに科学的根拠が裏づけられたものもあります。

ことわざに残された経験則が天気予報の魁《さきがけ》とも言えますが、二十一世紀の現在でも、神仏への願掛けや占いが行なわれているのが、実に天気らしいところです。天気予報が当たらないから、と言ってしまえばそれまでですが、いくら予報が進化しても、自然の振る舞いに、人智《じんち》はおよびません。もっとも身近な科学でありながら、疑問や謎が尽きない──これが天気予報のおもしろさではないでしょうか。

侮《あなど》れない、天気予知のことわざ

天気図もない、規格化された観測機器もない、遠方の状況を即座に伝達する方法もない時代は、目の前にある情報だけが天気を予知する手がかりでした。空、雲、風、海や山の様子、花や鳥や虫など動植物の状態、人間の体調など、さまざまなものを手がかりにその後の天気を予想していました。これを「観天望気《かんてんぼうき》」と言い、現代にも天気予知のことわざとして伝えられています。

これらの多くは経験則によるものですが、なかには占いに近いものもあり、精度については玉石混交《ぎょくせきこんこう》です。「山に笠雲《かさぐも》がかかれば風雨の前兆」「朝霧《あさぎり》は晴れ」のように、雲の状態などから天気を予知する方法は、科学的根拠にも適《かな》っており、比較的当たりやすいと言えます。

たとえば、高い山に笠雲がかかるのは、上空で風が強まっており、その風が湿《しめ》っているために、水蒸気が山の斜面で強制的に上昇させられ雲が生じていることが考えられます。このような状況は、低気圧が接近していることが原因となっている可能性が高く、やがて風雨が強まることが予想されます。

また、早朝に濃い霧が発生するのは、夜の間おだやかに晴れていた証拠です。夜間に晴れ、風もなければ、地面が冷えると同時にその冷気が地面付近に蓄積されるため、空気中の水蒸気が冷えて凝結《ぎょうけつ》し、霧が発生します。これは、移動性高気圧に覆《おお》われている時の特徴で、夜が明けて日が昇れば、霧も晴れて青空が広がるはずです。

同じ観天望気でも、季節単位の天候を予想するものもあります。「青山《せいざん》に雪が降れば冬暖《あたた》かし」「寒《かん》に雨なければ夏日照り」などの季節予報は、エルニーニョやラニーニャ（188～192ページで詳述）など数カ月にわたる異常気象で説明できる場合もありますが、信憑性《しんぴょうせい》は低いです。どちらかというと、現状の延長線上で先の季節を予想してはならないという戒《いまし》め、注意喚起の意味合いが強いでしょう。

動植物を手がかりにしたことわざに至ってはほとんど迷信、おまじないの類《たぐい》と言っても過言ではありません。「猫が顔を洗うと雨」ならば、毎日雨です。鳥が飛ぶ高さや花や実《み》のつき方など、その他の動植物の振る舞いも、多くは湿度《しつど》や気温、風、日照など天気の状況の結果であって、その後の天気の前兆とするには根拠薄弱です。

たとえば、「ツバメが低く飛ぶと雨」ということわざがあります。天気が悪くなる時は、湿度が高くなります。すると、ツバメの餌《えさ》となる虫の羽が湿気《しつけ》で重くなって、低空にいるので、ツバメも低く飛ぶようになるという根拠や、晴れの日と雨の日の上昇気流の違いという根拠もあるようですが、もともとツバメは人家の近くに巣を作り、低空を飛びやすく、その行動があてになるとは思えません。

それよりも注目したいのは、ツバメが飛来する時期です。ツバメは三月から四月の春先に日本に渡り、秋には越冬地に去っていきます。つまり、ツバメが日本にいる時期は、菜《な》種梅雨《たねづゆ》、初夏の雷雨《らいう》、梅雨、夏の夕立《ゆうだち》、秋雨《あきさめ》と台風と、まさにいつ強い雨が降ってもおかしくない季節と一致しているわけです。このことわざは、ツバメを見かけたら油断しないで空模様の変化に気をつけろ、という先人が残した教訓なのかもしれません。

いずれにせよ、動植物に天気を予想してもらうのは、基本的に無理と思ったほうがよいでしょう。とはいえ、人間とは異なる天候センサーが備わっている動物や植物もありますから、今後、将来の天気との関係が科学的に証明される行動や現象が見つかるかもしれません。

不思議なことに、科学的根拠が不明でも、なぜか経験的には当たる現象もあります。以前、ある漁師さんから「上《あ》げ潮《しお》の時に海風が強まるのはなぜか」と質問されました。私はそのような現象があることすら知らなかったのですが、同じ場所の他の漁師さんも、確かに吹くと言います。

潮汐《ちょうせき》と風に顕著な関係があるとも思えず、調べてもわからず、どうしようもないので、気象エッセイストの倉嶋厚《くらしまあつし》先生に聞いたところ、その現象は「潮風《しおかぜ》」であることがわかりました。しかし、そのメカニズムはわからない、と。まだ経験則に知見が追いついていない例もあることを思い知った次第です。ひょっとすると、全国各地に、まだまだ確度の高い天気予知のことわざが眠っているのかもしれません。

科学的天気予報の開始

経験にもとづいた観天望気は、当たるものもあるとはいえ、もちろん完璧ではありませんし、多くは土地固有のもので、全国どこでも通用するものではありません。正確で、場所を選ばない天気予報は、科学的な手法によって行なわれる必要があります。

科学的であるということは論理的、つまり現象が起こるプロセスが物理的に明確であり、実証的、つまりそれを観測によって確かめられる必要があります。科学と言うと、まず論理の仮説が先に来ることがほとんどですが、天気予報の場合は、理論の構築に先立って、長い観測の時代がありました。

その始まりは偶然の産物でした。一六四三年、真空の研究をしていたイタリアの物理学者エヴァンジェリスタ・トリチェリが、試験管のように片方が閉じた長いガラス管に水銀を入れ、水銀を満たした皿に逆さに立てると、水銀の液面が約76㎝の高さになって、その上は空洞になることを発見しました（図表1）。水銀で満たされたガラス管に外から空気が入ることはありませんから、真空状態を作り出すことに成功したわけです。

重要なのは、なぜその高さで液面が止まるのか、です。水銀は重いので、ガラス管のなかを下に沈み、底から皿に流れ出し、皿の液面も上昇しようとしますが、皿の水銀には、それを押し戻すような空気の圧力（＝気圧）がかかっていることがわかったわけです。

真空の発見とは、同時に気圧の発見でもありました。トリチェリは実験の最中、液面の高さが日によって微妙に変わり、しかもそれがなぜか天気の変化と連動していることに気づきました。液面の高さはその時の気圧に左右されますから、天気と気圧の間に関係があることがわかったのです。

図表1　トリチェリの実験

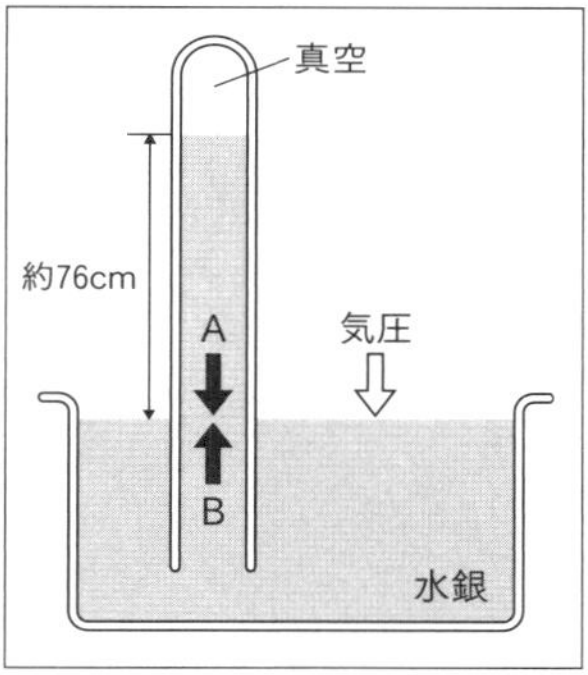

重さによって管内の水銀が下がろうとする力（A）と、気圧によって管内の水銀を押し戻す力（B）が釣り合い、管内の水銀は一定の高さ（約76cm）で停止する

これはおもしろいと、その後、あち

こちでこの水銀気圧計やそれ以前に発明されていた温度計による気象観測が行なわれるようになりました。とはいえ、この時点では、まだ気圧と天気の正確な因果関係ははっきりしていませんでした。

一八五三年にロシアとトルコの間で勃発したクリミア戦争を機に、天気予報の近代化は大きく前進します。一八五四年十一月、トルコと同盟を結んだフランスは、大艦隊を黒海《こっかい》に派遣しましたが、実戦の前に、嵐で41隻もの多数の艦船を失う大損害を被《こうむ》ります。この事故の原因となった嵐の調査に乗り出したのが、海王星の発見でも知られるフランスの天文学者であり数学者のユルバン・ルヴェリエです。

ルヴェリエはヨーロッパ各地の気象観測データを収集、嵐はその場で発生するのではなく遠くから移動してくること、したがって、嵐の接近は前もって察知することが可能であり、このような損失は防ぐことができるとして、ナポレオン三世に天気予報の必要性を進言したのです。

以後、気象の専門機関が設立され、ヨーロッパでは天気図が描かれ、気象に関する科学的な調査研究がさかんに行なわれ、後述するさまざまな理論の構築が進み、ようやく天気を科学的に予測することが可能になりました。

ちょうどこの頃、海底ケーブルなどの電信技術が飛躍的に発展。限られた範囲ながら、スムーズなデータのやりとりができるようになったことも大きく影響しています。移動する低気圧などを捕捉《ほそく》するには、同時に観測された広範囲の観測値が必要ですが、データの収集にはスピードが大切です。時間をかけてようやく嵐の存在を捕捉したと思ったら、すでにそこに嵐が来ていた、では意味がありません。

同様に、せっかく出した予報も、できるだけ早く利用者に伝わらないと予報の意味がまったくありません。観測や予測の技術と並んで、情報伝達に関する技術の進化も必要不可欠だったのです。

６時間後の予報に１カ月かかる⁉

十九世紀の終わりから二十世紀初頭にかけて、高い山の上での観測や洋上での観測が開始されると、いよいよ低気圧などの平面的な広がりや立体構造が明らかになり、地上天気図や高層天気図を用いた、現在のような天気予報も可能になってきました。しかし、ひとつ問題がありました。

いくら科学的な手法を用いた客観的な観測データを収集しても、予想に必要な天気図を描くのは人間、その天気図を解釈して予想を組み立てるのも人間だったことです。そこにはどうしても主観が入りますから、小さな現象の見逃しや、低気圧の進路や発達度合いの見通しに個人差が生じます。特に、日本のように四季の変化が顕著で、複雑な地形の影響を受けやすい立地条件では、経験年数や土地勘の有無によって、天気図の解釈が違ってきたり、予報の見立てが変わったりするケースが多くなります。

当時の天気予報とは、長年の経験と勘《かん》に裏打ちされた、職人芸だったのです。当然、予報の精度は現在より低く、食事の時に「測候所、測候所」とおまじないを唱えれば（食べ物に）あたらない、などと揶揄《やゆ》されたりしました。

一九二〇年頃、イギリスの気象学者ルイス・フライ・リチャードソンは点々と得られた観測データから大気全体の状態を数値化、次第に明らかになってきた天気現象のメカニズムを数式化することで、天気予報は計算で求められるのではないかと思い立ちました。

当時はまだコンピュータがないため、リチャードソンは手計算で6時間先の状態を計算しましたが、計算に1カ月以上かかったうえに、計算方法に問題があったため、その結果もあり得ないものになってしまいました。しかし、その考え方は科学的でした。

その後、気象学の発展と、コンピュータの実用化と爆発的な進化によって、二十世紀後半には、数値計算による天気予報が格段に進歩しました。天気図を描くのもコンピュータ、予想をするのもコンピュータで、人の経験や勘などの主観が入る余地はほとんどありません。

この方法は「数値予報」と呼ばれ、現在では、世界最新鋭のスーパーコンピュータと、予測モデルという非常に細かいシミュレーション計算によって、かなり局地的な現象まで再現できるようになりました。さらに、コンピュータの処理能力が増したことによって、今では計算に用いる初期条件をすこしずつ変えて何通りも計算、予想のぶれの程度まで勘案できる「アンサンブル予報」も、週間予報や台風予報を対象に行なわれています。

1カ月予報、3カ月予報、暖《だん》・寒候期《かんこうき》予報といった長期予報も、かつては天候の経過が似ている年を見つけて、今年もそうなるだろう、という類似法などが行なわれていましたが、今では、世界中の海面水温の分布など多くのデータを取り込んだ数値予報を使って行なわれています。もはや、スーパーコンピュータと数値予報は、天気予報に欠くべからざるものになっています。

しかし、計器と電信の技術がなければ天気図が描けなかったように、コンピュータの進化だけでは天気予報は発展しません。気象衛星、気象レーダーなどの新しい観測機器の開発や進化、インターネットに代表される新しい通信網の整備など、周辺のテクノロジーの爆発的な進歩によって、詳細に観測された膨大《ぼうだい》なデータを瞬時に収集、複雑で膨大な計算を素早く行ない、精度の高い天気予報をタイムリーに発信できるようになりました。現代の天気予報は、最新の科学技術の集積で成り立っているのです。

しかし、それでも天気予報が１００％当たるわけではありません。精度が高まったとはいえ、いまだに予想外の急な雨に降られたり、想定外の大雨や暴風に見舞われたりします。局地的な現象になると、スーパーコンピュータを駆使した予報よりも、ベテランの漁師さんの勘のほうが当たることだってあります。

気象庁や民間会社が発表する予報は予報として利用しつつも、自分なりの知識や勘を養《やしな》っておくと、予報がはずれそうになった時に異変に気がつくかもしれませんし、ある程度は自分で予想できるようにもなります（過信は禁物ですが）。実際に自分で予想をしてみると、見解の相違や、予報の当たりはずれなど、知的好奇心や興味は尽きません。

最初の天気図

天気予報のツールにはさまざまなものがあります。遠くから来る低気圧や台風の様子を知るには気象衛星画像が便利ですし、雨の強弱や局地的に発生する雨雲《あまぐも》を察知するには気象レーダーが有効です。風や気温の分布を知るには、全国に９３０地点ほどあるアメダスの気温計や風向風速計《ふうこうふうそくけい》のデータを俯瞰《ふかん》すれば一目瞭然です。

こうしたデータを集積して、大気の状態を1枚の図で表わしたのが「天気図」です。天気図にはアメダスのような細かいデータや雲の分布は描かれていませんが、慣れれば気圧配置を見ただけで、何が起こっているのか、何が起こりそうなのかを読み取ることができます。

世界ではじめて天気図が作られたのは一八二〇年頃、ドイツの気象学者ハインリッヒ・ウィルヘルム・ブランデスが作成したものです。これは、一七八三年三月にヨーロッパ大陸を襲った嵐の気圧、気温、風の分布を地図上に表わしたもので、嵐の平面的な広がり方や移動の様子などを理解するうえで画期的な手法でした。

しかし当時は、観測データを瞬時に集めることができませんでしたから、この天気図が描かれたのも、嵐の発生から40年近く経《た》ってからのことでした。その後、十九世紀後半の電信技術の発達や通信網の拡充によって、観測データが速《すみ》やかにやりとりされるようになると、この天気図という手法が天気を予報するのに大変有効であるとして、天気予報に必要不可欠な資料になりました。

天気図の種類と天気記号

天気図のなかで、一般によく見かけるのは「地上天気図」で、その名の通り、地表面の状態を描いたものです。

他には、上空の状況を表わした「高層天気図」、地表から上空までの様子を断面図で表わしたもの、北半球全体を俯瞰したものなどがあります。また、同じ地上天気図でも、観測結果を描いた「実況天気図」、コンピュータで計算した予測値を表わした「予想天気図」

図表2　国際式天気図

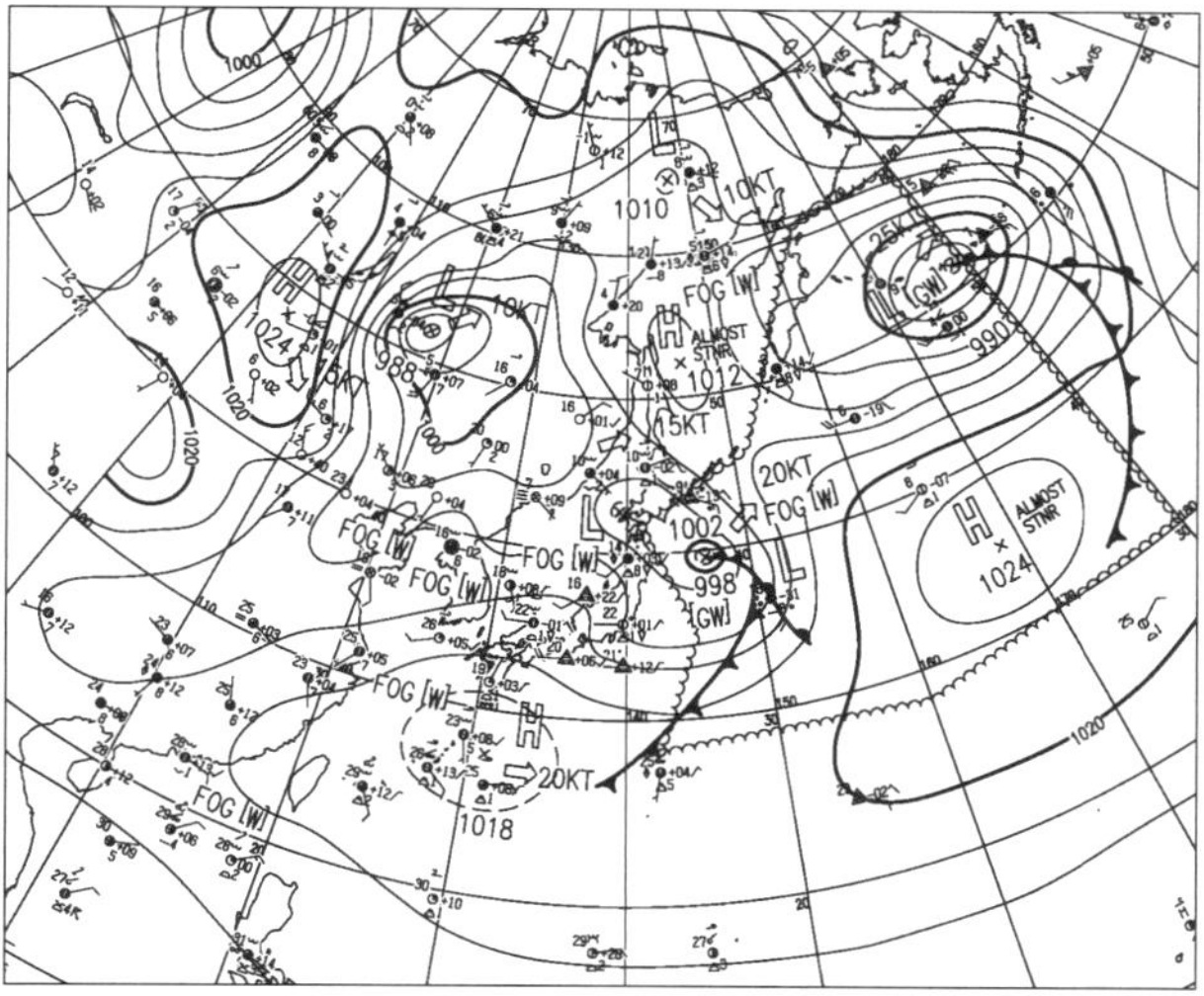

アジア太平洋域をカバー。各観測地点の細かい観測値が、国際式記号で細かく表示されているほか、低気圧・高気圧の進行方向、速度なども示されている　（出所:気象庁）

など、さまざまな種類があります。

予測する内容によって使う天気図も変わりますが、日々の天気を知るには、地上天気図を読み取ることができれば、まず大丈夫です。

地上天気図の範囲にもいくつかの種類があり、アジア太平洋域をカバーした各観測地点の観測データを記した専門的な「国際式天気図（図表2）」と日本周辺域に範囲を絞《しぼ》った簡易な「日本式天気図

図表3　日本式天気図（新聞）

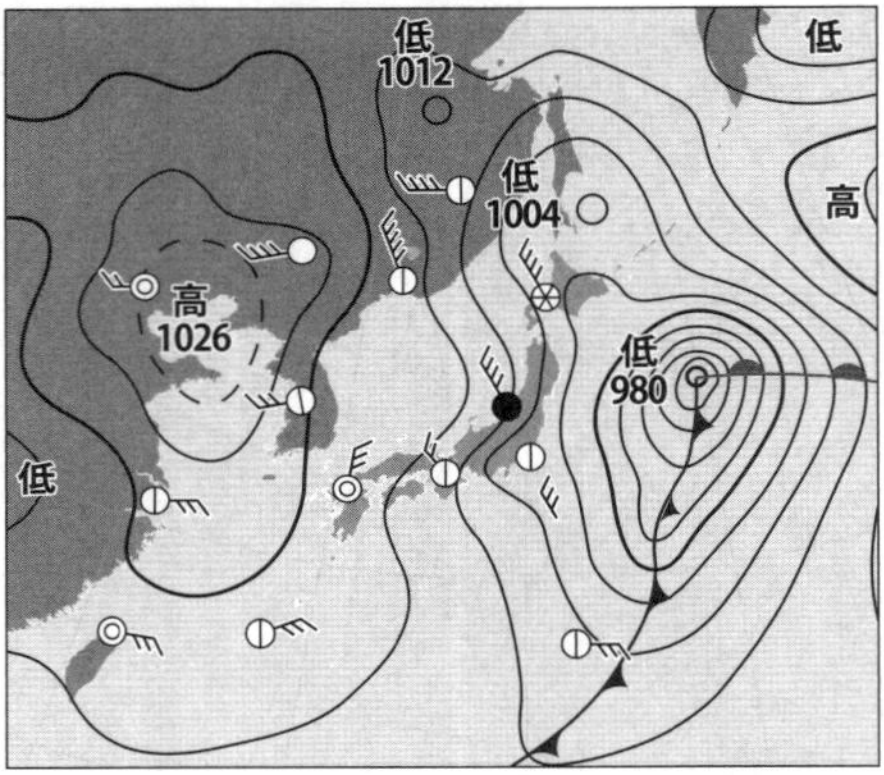

紙面スペースの関係上、掲載される観測地点は限られているが、主要地点の天気と風が示されている

図表4　日本式天気図（テレビ）

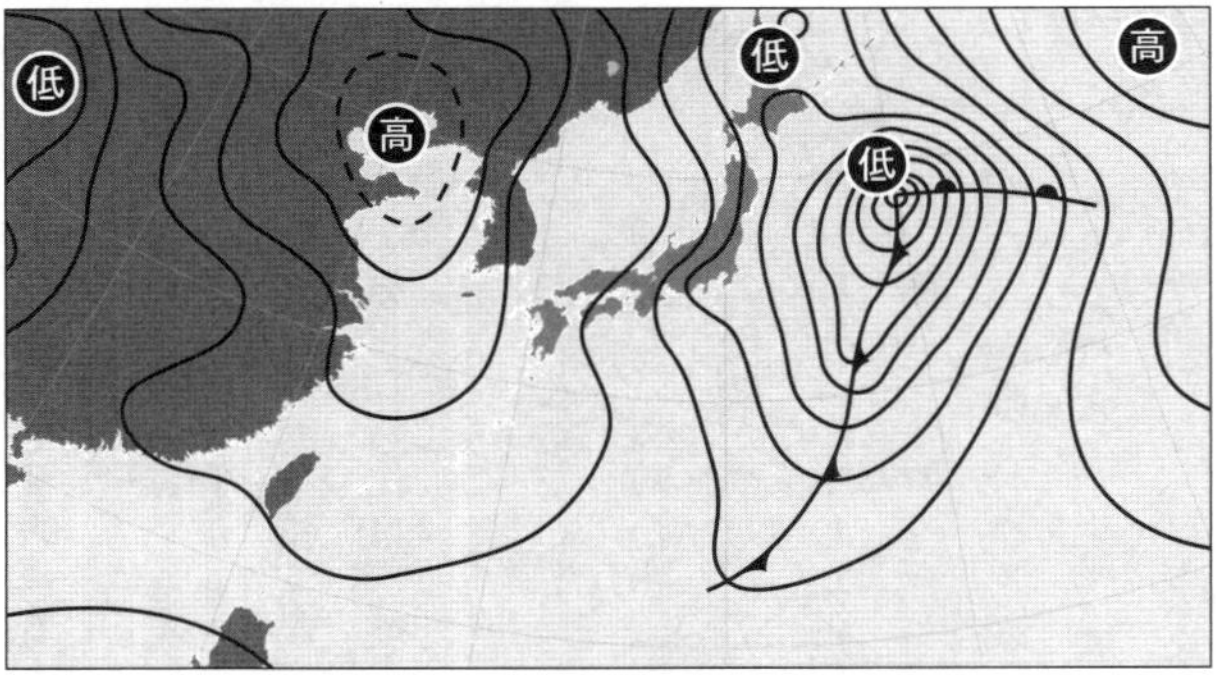

図表3と同日の観測だが、テレビの画角《がかく》に合わせた範囲になっている。気圧の数値が省略されるなど、簡略化されている

図表5 日本式天気記号

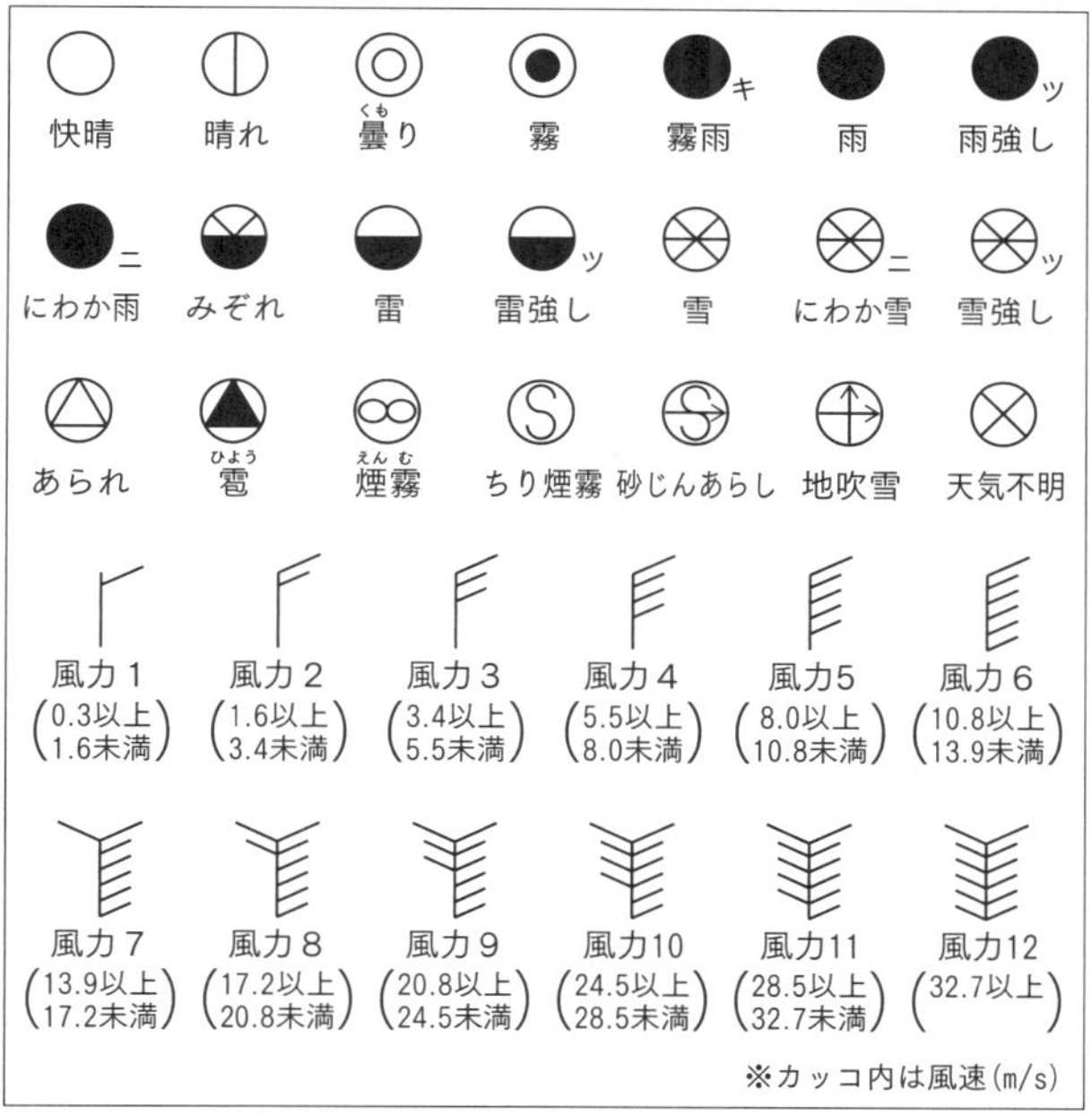

天気は21種類の記号、風向・風力は12段階の矢羽で表わされる

(図表3、4)」があります。

実況天気図には、各地点の観測値を表わす「天気記号」が描かれていますが、天気記号にも日本式(図表5)と国際式があります。

国際式の天気記号は複雑で、気温や気圧はもちろん、その変化傾向、空全体の何割を雲が占めているかを示す指数である雲量《うんりょう》、雲の種類、風向、風速が示され、天気は99種類に細かく分類されて記載されています。また、低気圧の進行方向や速度も表示されています。

どの地上天気図にも共通して描かれているのが、同じ気圧の地点を結んだ等圧線、高・低あるいはH・Lなどの文字で表わされた高気圧や低気圧の中心位置、前線です。

前線の天気記号は、半円がついた「温暖前線」、三角形がついた「寒冷前線」、半円と三角形が同じ向きの「閉塞《へいそく》前線」、半円と三角形が反対を向く「停滞前線」の四つがあります。

この半円や三角形は矢印のようなもので、温暖前線の場合は、半円が突き出している方向に暖かい空気が進み、冷たい空気とぶつかっていることを表わしています。寒冷前線は、冷たい空気が暖かい空気に衝突していることを表わしており、三角形の記号の方向に冷たい空気が進んでいることになります。

このように前線とは、温度や湿度など性質の違う空気がぶつかっているところ、あるいは前線を境《さかい》に急激に空気の性質が変化しているところ、そして風向《かざむ》きや風の強さも大きく変化しているところを指し、空気や風に連続性がないことから、「不連続線」とも呼ば

図表6 風と気圧の関係1

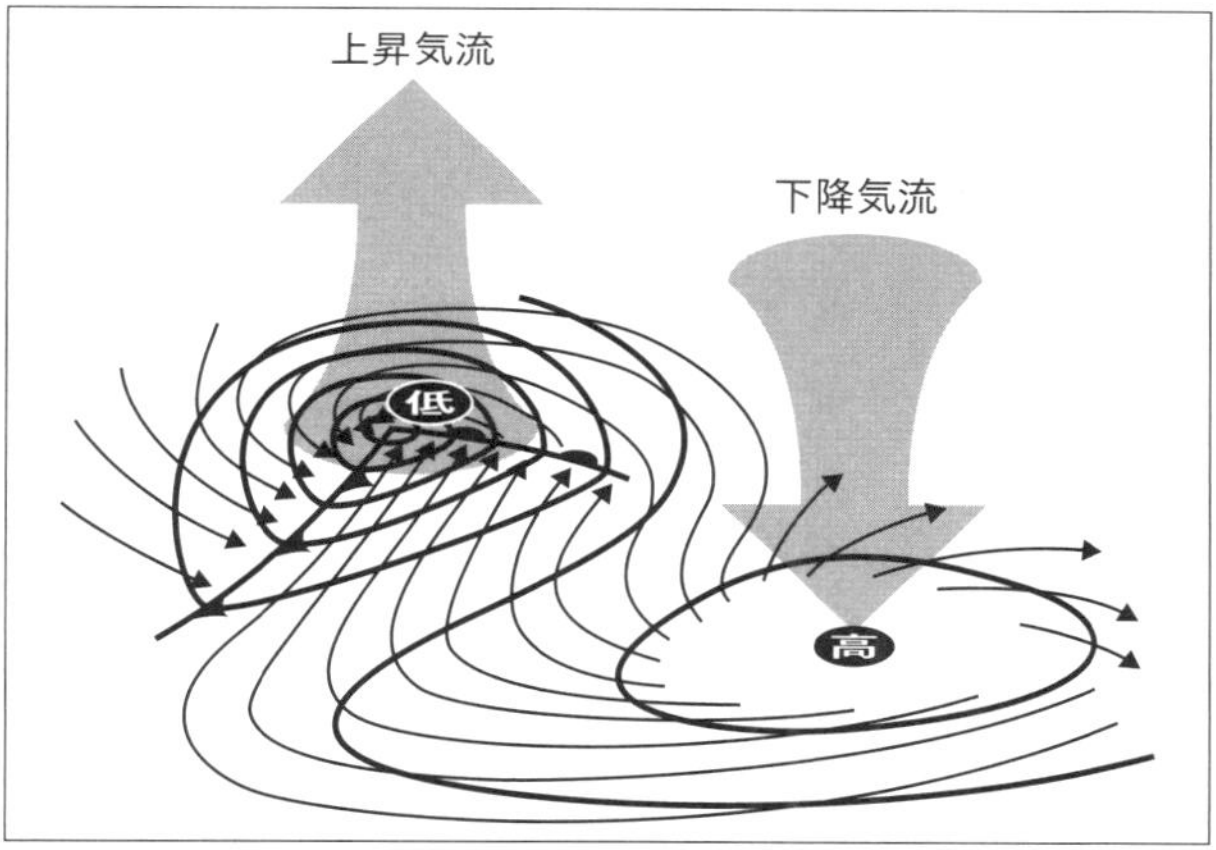

高気圧は下降気流、低気圧は上昇気流になるため、地上の風は、高気圧からは時計回りに吹き出し、低気圧では反時計回りに吹き込む

れます。

天気の状況を知って予測に生かすには、観測値もさることながら、この気圧配置がなんと言っても重要です。ポイントは風です。天気図から風を読み取れれば、どこで晴れて、どこで雨が降るのか、だいたいわかるようになるからです。

風は、高気圧から低気圧に向かって吹きます。しかし、単純にまっすぐ吹くわけではありません。北半球では低気圧は反時計回り、高気圧は時計回りに渦《うず》を巻いています（図表6）。高気圧から吹き出した風はまっすぐ低気圧には向かわず、高気圧の中心を右に見るように、円を描きながら高気圧周辺に広がり、低気圧の中心を左に見ながらぐるりと回転しつつ、低気圧の中心に吹き込んでいきます。途中で等圧線を何本も横切りますが、横切る時の角度は30度ぐらいです。

天気図は「風」を見る

それでは、試《ため》しに天気図に風の流線《りゅうせん》を描いてみましょう。高気圧からゆるやかに右カーブを描きながら出発した風の流線が、低気圧に近づくと左カーブに向きを変え、低気圧の中心に渦を巻いて流れ込む様子が描ければ完璧です（図表7）。

ただし、どの流線も、低気圧の中心に行き着くとは限りません。なかには、低気圧の中心にたどり着かず、前線に突き当たるものもあるはずです。また、前線や低気圧がなくても、高気圧が二つ並んでいたりすると、その間では風どうしが正面衝突することになります。

こうして、天気図上で風の終点になるところ、風が衝突しているところ、違う方向から吹いてきた風が集まって来るようなところが見えてくれば、もう天気予報はできたも同然

図表7　風の流線《りゅうせん》

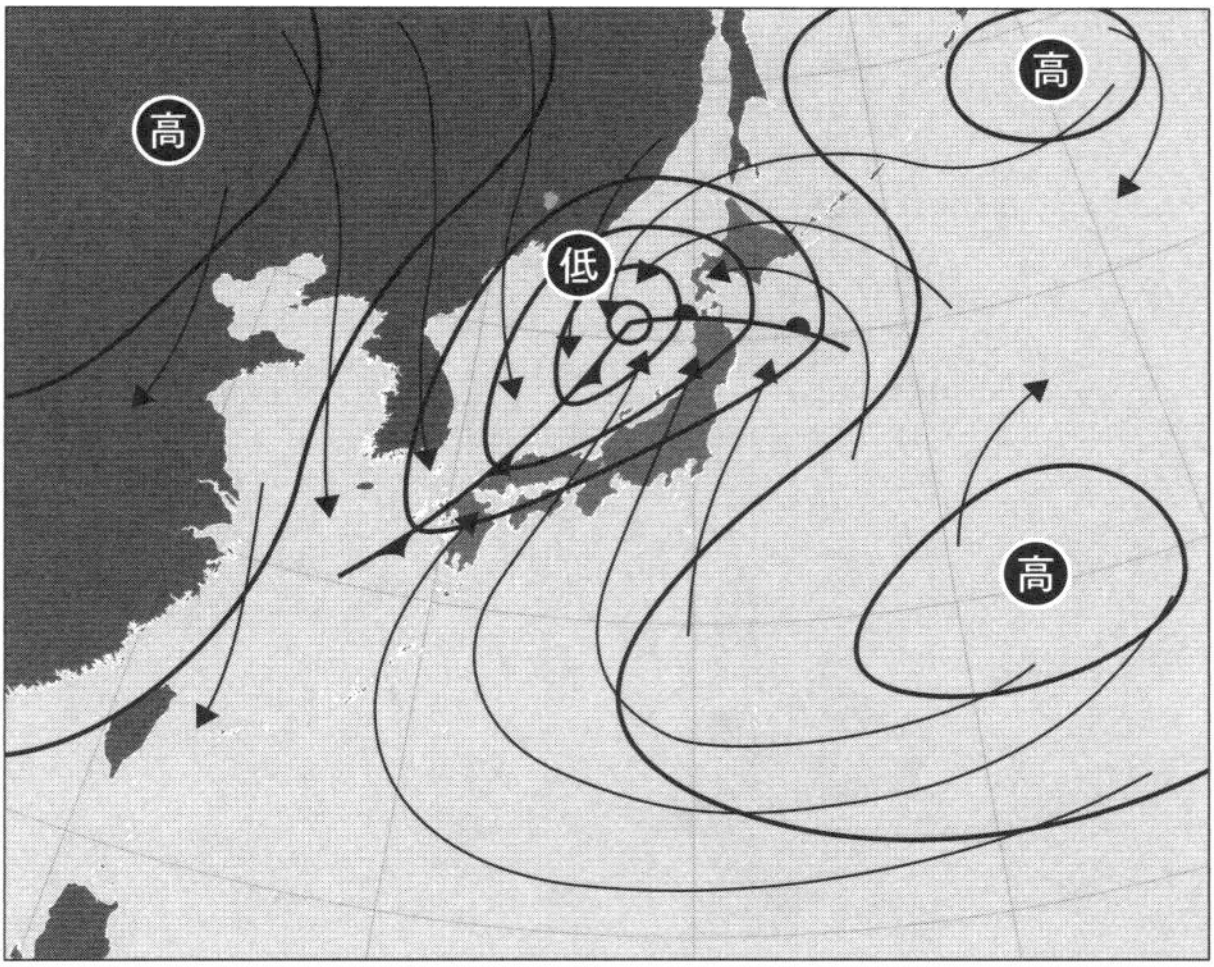

天気図を見れば、高気圧から吹き出した風が、低気圧に向かって渦を巻いて流れ込む様子がわかる

です。

というのは、風がぶつかったり集まったりするところでは、それ以上風が水平方向に進むことができません。地面や海に潜《もぐ》り込むこともできませんから、風は上昇気流となって上空に向かうしかありません。

上昇気流ができると、空気中の水蒸気が上空で冷やされて雲を生じ、雲が発達すれば雨や雪が降ります。前線のように風の流線が行き止まりになったり、低気圧の中心のように風が集まったりするところが上昇気流の発生場所で、天気が悪い、と考えればいいのです。

反対に、高気圧の中心付近のように、風が周囲に吹き出すだけで、どこからも吹き込んでこないところは下降気流になっているので、雲ができにくく晴れます。

「低気圧は雨」「高気圧は晴れ」くらいなら、風を読まなくても、記号を見れば判断できますが、風の流れがちゃんと読めれば、雲が現われやすい範囲や、記号で表わしにくい小さな低気圧もわかりますし、風向《かざむ》きによる気温の違いも判断できます。

等圧線の間隔にも注目しましょう。等圧線は、4hPa（ヘクトパスカル＝気圧の単位、1気圧＝1013・25hPa）ごとに描かれています。等圧線の間隔が広い場合は、距離的に離れたところでも気圧差が小さいため、風はあまり吹かず、したがって天気の変化も少ないはずです（図表8の上段）。

反対に、等圧線の間隔が狭《せま》いところでは、距離的に近いところで気圧の差が大きく、風が強く吹きます（図表8の下段）。風が強ければ、風のぶつかり合いも激しく、温度や湿度の違う空気が流れ込みやすいので、天気や気温の変化も激しくなります。

天気図から風を読み取るだけで、これだけの概況を把握できますが、できれば、単独の

図表8 風と気圧の関係2

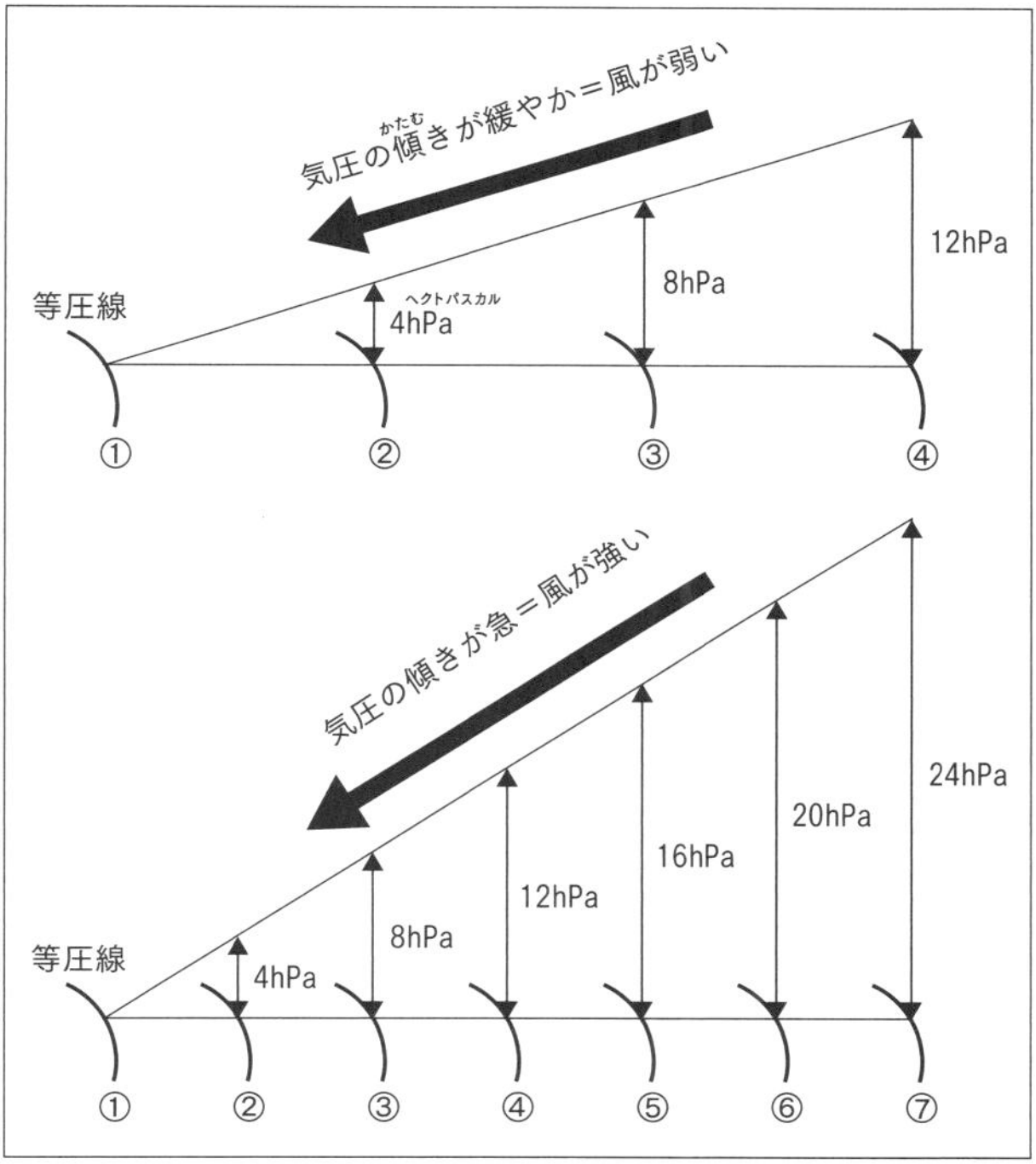

同じ距離における、等圧線が4本の場合（上段）と7本の場合（下段）の比較。等圧線の本数が多いほど、気圧差は大きく、風が強く吹く

天気図だけではなくて、時間的に連続した天気図を何枚か見たいものです。なぜなら、天気の状況は刻々《こくこく》と変わります。低気圧や高気圧は移動しますし、勢力も強まったり弱まったり、場合によっては消滅したり、新しい現象が生じたりしますので、実況天気図と予想天気図、あるいは、すこし前の実況天気図と連続して見ることによって、そうした変化までとらえることができるからです。

天気図のパターンを知ろう

毎日の観測や予測計算にもとづいて描かれる天気図には、同じものはひとつもありません。広範囲で、大気の状態が過去のある時点と寸分違《たが》わぬものになることはないからです。しかし、毎日天気図を眺めていれば、似たような天気図が頻繁《ひんぱん》に現われたり、同じような気圧配置が数日間続いたりすることがあることに気づくでしょう。

天気図に描かれる気圧配置には、季節によっていくつかの代表的なパターンがあり、それを知れば、必死に天気図を読み込まなくても、一目《ひとめ》で天気を予測することが可能になります。パターンごとに見ていきましょう。

・西高東低型《せいこうとうてい》

この気圧配置が現われたら冬だと思ってもいいぐらい、冬の典型的な気圧配置です。具体的には、中国大陸上に優勢な高気圧、千島《ちしま》列島付近など北太平洋に発達した低気圧がある形です。日本列島をはさみ、西に高気圧、東に低気圧があるので「西高東低型」と呼ばれます。

日本列島には南北に伸びる等圧線が何本もかかっており、高気圧の時計回りの渦巻き、低気圧の反時計回りの渦巻きの相乗効果によって、日本列島の広範囲で北から北西の風が吹くパターンになります。この北風に乗って上空に寒気《かんき》が流れ込み、日本海側では雨や雪、山脈を隔《へだ》てた太平洋側の平野《へいや》部では空《から》っ風《かぜ》が吹いて乾燥した晴天になります。大陸上の高気圧も、太平洋上の低気圧も一過性ではなく持続性があるので、一度冬型の気圧配置になると、同じような天気が数日から、長ければ何週間も継続するのが特徴です。

一見ワンパターンで、テレビの天気予報では一言で片づけられることが多い西高東低型の気圧配置ですが、さまざまなバリエーションがあります（40～41ページの図表9）。

大陸の高気圧と太平洋上の低気圧がともに発達している時、あるいは、両者の距離が近い時には、日本付近で東西の気圧差が大きくなって、空気が勢いよく移動するため、北風が強くなります。天気図上では、日本付近を南北に走る等圧線の本数が多くなったり、等圧線の間隔が狭くなったりすることで、この状態を判断することができます。

　強い冬型の気圧配置になると、北日本（北海道、東北地方）だけでなく、全国的に暴風をともなった大荒れの天気になります。雪の降り方も強く、猛烈な吹雪になり、風が吹きつける日本海側の山沿いや山間部では極端な大雪になることもあります。上空の寒気が強ければ、西日本の日本海側や、鹿児島県など九州の東シナ海側でも雪が降ります。太平洋側でも風が非常に強く吹いて、寒さが厳しくなりますし、岐阜県岐阜市付近、愛知県名古《なご》

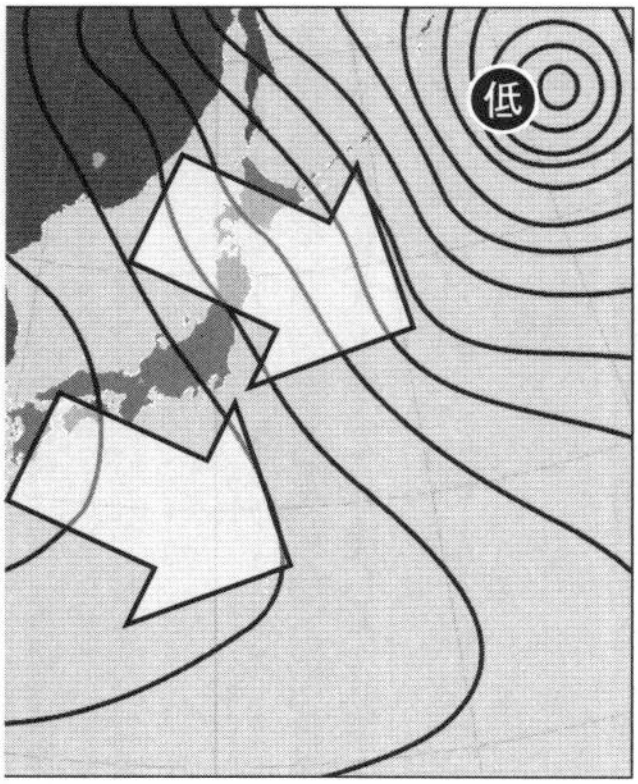

図表9 「西高東低型」の気圧配置

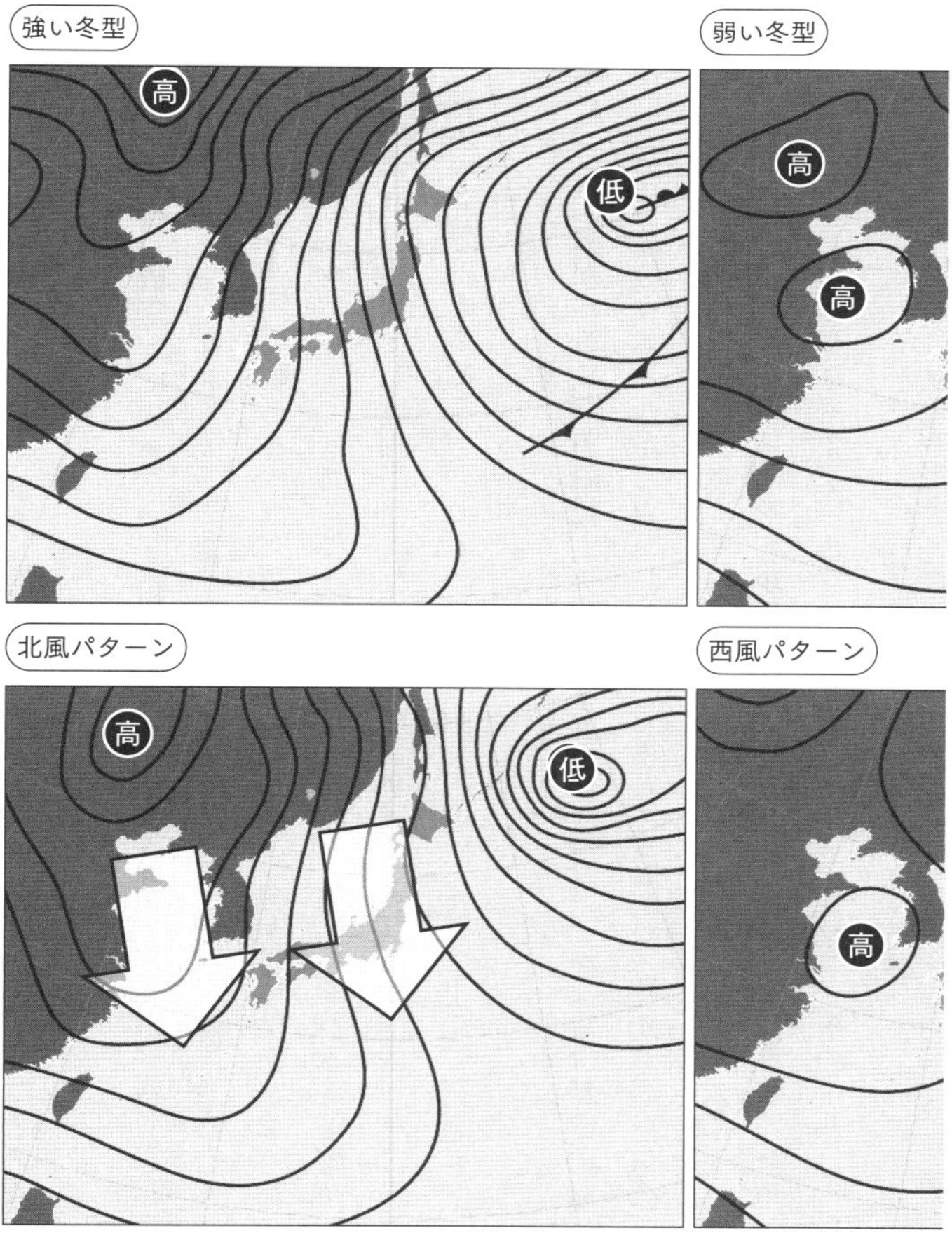

どれも同じ西高東低型だが、等圧線の本数や傾きの違いで風の強さや向きが変わり、現象が大きく異なることもある

屋《や》市付近、広島県広島市付近など、風上《かざかみ》側に山脈の切れ目や低い山しかないところでは、大雪に見舞われることもあります。

反対に、等圧線の間隔が広がり、日本付近での気圧の差が小さい時には、風は弱くなり、日本海側の雪も弱まりますが、冬型の気圧配置が解消したわけではありませんから、日本海側で雪、太平洋側で晴れという天気の分布自体が変わるわけではありません。

等圧線の向きによっても、天気は異なります。日本列島にかかっている等圧線が、ほぼ南北に描かれている時は、風が北寄りになりやすく、寒気もまともに日本列島に降りてきます。北日本や北陸はもちろん、西日本の日本海側でも雪になりやすく、気温も低くなりやすいパターンです。

いっぽう、等圧線が多少東西方向に、天気図上では横に寝ているような状態の時には、風は西寄りの風になります。西から東への流れが強まることで、大陸からの寒気の吹き出しも北日本中心になります。この微妙な風向きの違いによって、日本海側では風が吹きつける斜面が変化し、雪が強く降る場所も変化します。たとえば、北海道札幌《さっぽろ》市は風が北寄りの時には雪がたくさん降りますが、西寄りになるとあまり降らず、その代わり岩見沢《いわみざわ》市で雪が強まる、ということが起こります。

全体的には冬型の気圧配置のなか、日本海で、隣り合う等圧線がおたがいに離れるように曲線を描いて袋《ふくろ》状になることがあります。等圧線の間隔が広がって、冬型の気圧配置がかなり弱くなったように見えますが、等圧線が袋状になっている時には、そこに寒気がたまっていることがあるのです。天気図には現われないほどの小規模ながら、強い寒気を上空にともなった低気圧が発生して、その低気圧が陸地に近づくと、局地的な突風や激しい雪をもたらすおそれがあります。強い冬型に見えないだけに、重大な危険を見落としやすいパターンです。

また、同じ西高東低の気圧配置でも、太平洋上の低気圧だけが非常に発達している場合と、大陸の高気圧が優勢で日本付近に大きく張り出すことによって西高東低になっている場合があります。低気圧が極端に発達している場合は「引《ひ》きの冬型」と言い、低気圧が強い寒気を引き込んで、低気圧の中心に近い北日本などでは猛烈な嵐になりますが、低気圧が徐々に遠ざかるにつれて次第に状況は収まり、強い冬型の気圧配置はそれほど長くは続きません。

反対に、大陸の高気圧がとても強い場合は「押しの冬型」です。この高気圧は同じ場所にとどまって動かないので、大陸からの強い寒気の吹き出しがなかなか収まらず、強い冬型の気圧配置が持続するパターンです。

・**南高北低型**《なんこうほくてい》

「南高北低型」とは、日本列島をはさんで南の気圧が高く、北の気圧が低いパターンです(図表10)。春や秋であれば太平洋上に移動性高気圧がある時、夏ならば太平洋高気圧が日本の南に張り出している時に、日本の北方を低気圧が通過する状態です。

この形になると、基本的には晴れることが多いうえに、南海上《みなみ》にある高気圧から、暖かい南風が吹いてきて、気温が上がります。春や秋には、時には季節はずれの高温になることもあり、夏には気温と同時に湿度も高くなり、厳しい暑さになるパターンでもあります。

というのも、南の海から吹く風は、暖かいだけでなく、太平洋上の水蒸気を大量に運ぶからです。このため、南高北低の気圧配置になると、わずかな風のぶつかり合いなどで雲

図表10「南高北低型」の気圧配置

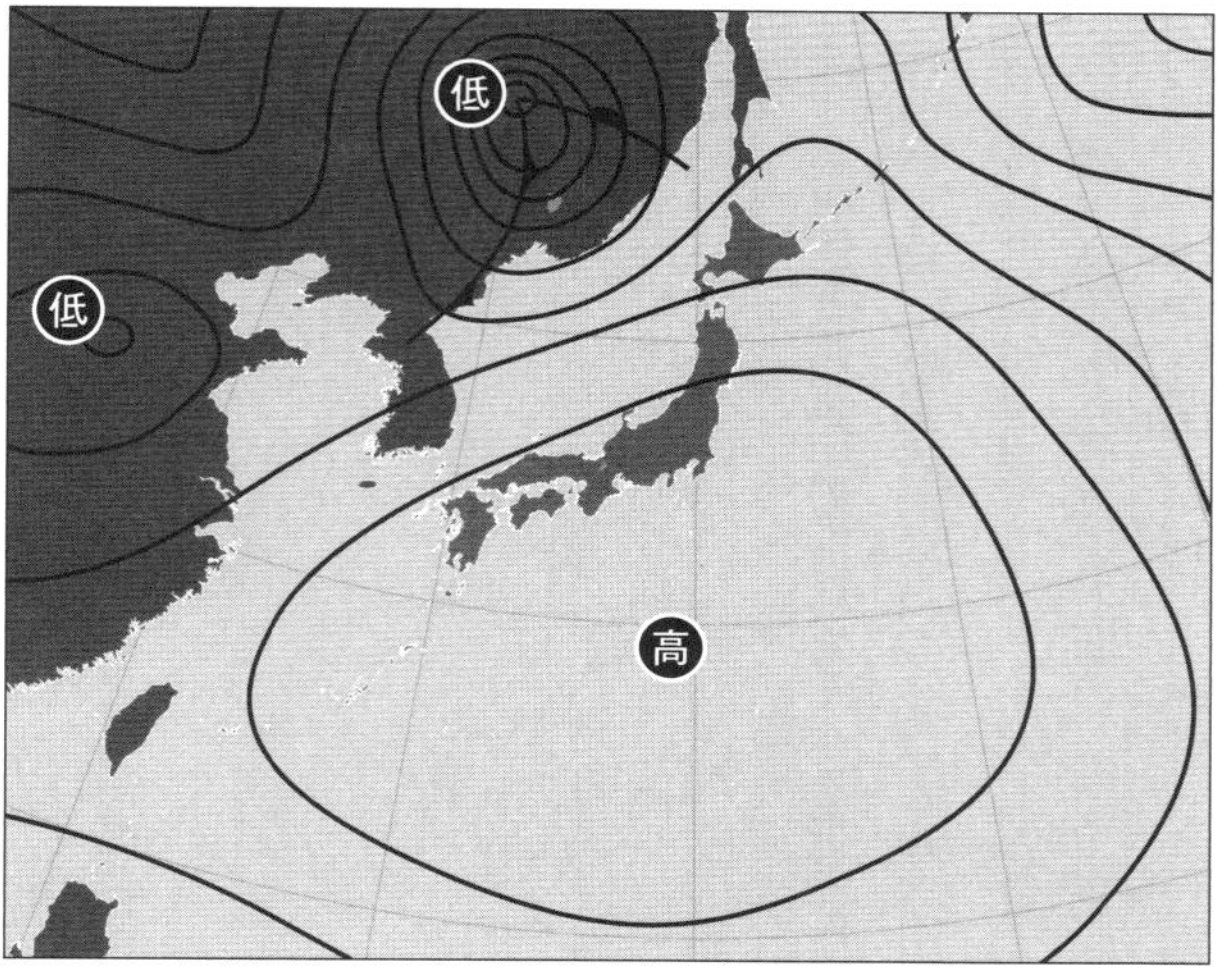

春や秋に現われやすい、大きな移動性高気圧による南高北低型。晴れて気温が上がり、汗ばむ陽気になることが多い

が発達しやすく、晴れたとしても天気は変わりやすく、局地的な雨や、時には雷雨をもたらすことがあります。

特に、高気圧の縁《ふち》に当たるところでは南風も強く、暖かくて湿った空気が勢いよく流れているため、その気流が山にぶつかると、山の斜面や狭隘《きょうあい》部で大雨になることもあります。

また、北の低気圧にも暖かく湿った空気が流れ込みますから、雨雲が発達して、大雨や強風を引き起こします。春や秋ならば、高気圧も低気圧も刻々と移動するので、好天も荒天も長続きしませんが、夏の太平洋高気圧は、何日も居座《いすわ》る高気圧なので、夏に南高北低型になると、厳しい暑さや不安定な天候が長続きするおそれがあります。

・帯状《おびじょう》高気圧型

春や秋は、移動性高気圧と低気圧が代《か》わる代《が》わる日本付近を通過して、天気は周期的に変化するのが普通ですが、時々、高気圧が二つ三つ連《つら》なって来ることがあります。この時、日本列島の真上でベルトのように高気圧がつながるので、「帯状高気圧型」と呼ばれます（図表11）。

本来、高気圧と高気圧の間にあるべき低気圧は、高気圧の北や南を通るので、帯状高気圧に覆われると、高気圧がひとつ抜けたあとも、低気圧が来ることがなく、またすぐに次の高気圧が進んできます。

このため、高気圧と高気圧の間の、やや気圧が低いところで、すこし曇《くも》る程度で、ほぼ全国的におだやかな晴天が何日も続くことになります。帯状高気圧の出現が連休に重なれ

図表11「帯状高気圧型」の気圧配置

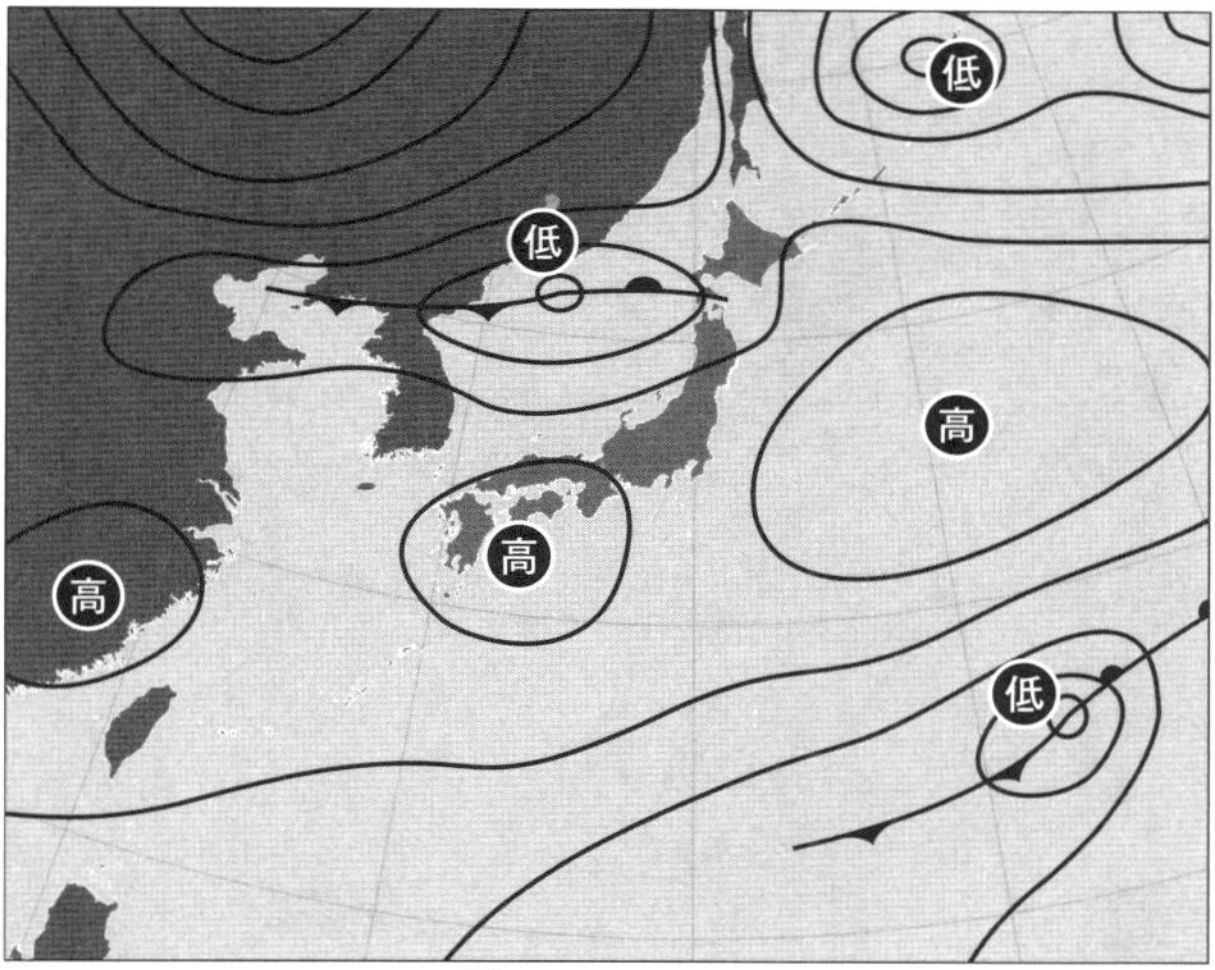

移動性高気圧がいくつも連《つら》なり、帯状に分布する。高気圧と高気圧の間では多少雲が広がりやすいが、おおむね晴天が長続きする

ば、行楽地にどっと人が押し寄せることになります。

・**北高型《ほっこうがた》**

移動性高気圧が北日本の真上など、やや北寄りを通過するパターンが「北高型」です（48ページの図表12）。

高気圧が真上に来る北日本ではよく晴れますが、東日本や西日本にはその高気圧から冷涼な北風が吹いてきます。気温が低いだけではなく、その冷涼な空気が太平洋上の暖かくて湿った空気と触れ合

図表12「北高型」の気圧配置

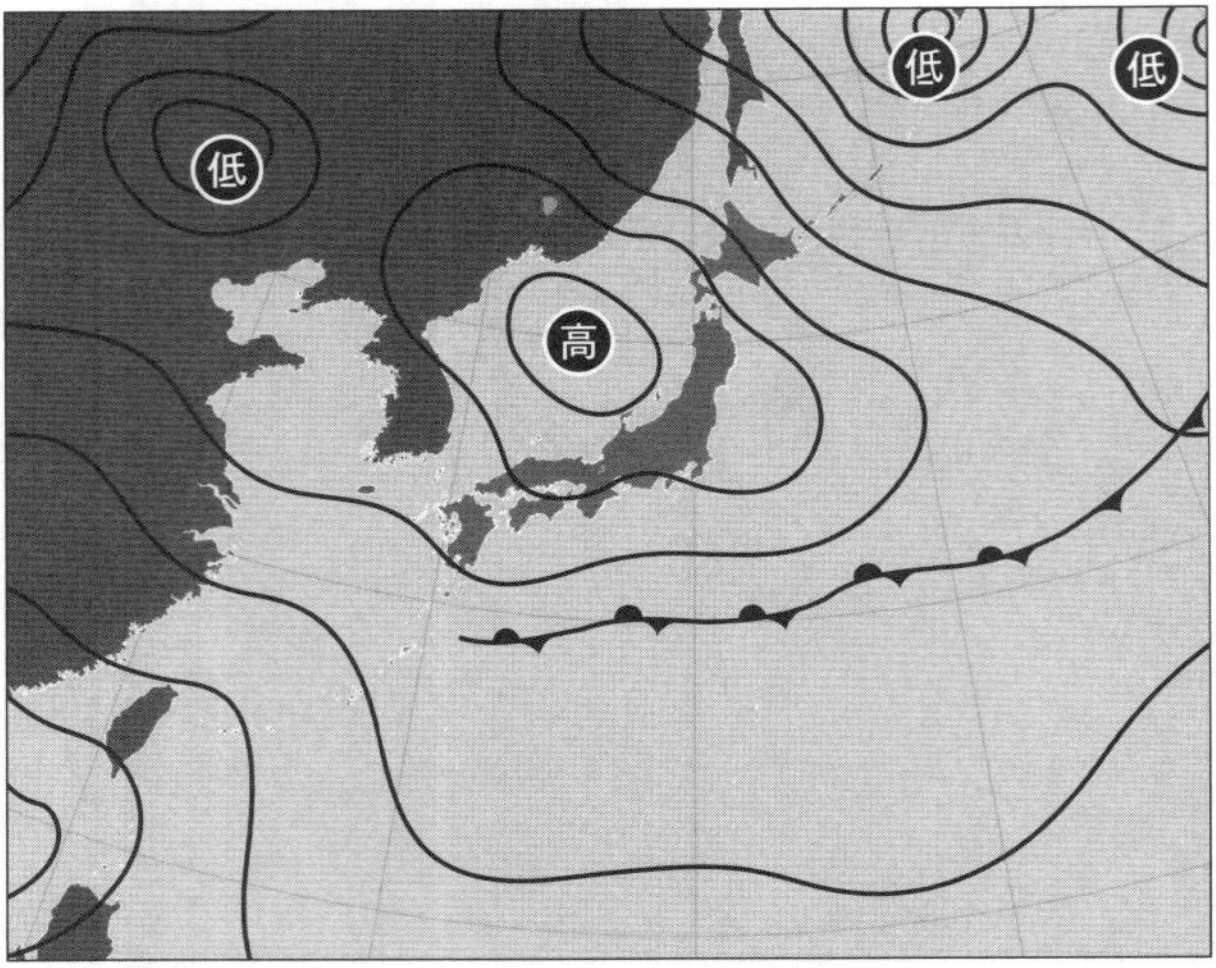

移動性高気圧が日本列島の北寄りを通過すると、高気圧の直下にあたる北日本は晴れるが、東日本や西日本は雲が広がりやすい

うことで雲ができますから、東日本や西日本では、高気圧がすぐ近くにあるにもかかわらず、曇りや雨になります。

特に、東北地方南部の太平洋側や関東地方では、高気圧から吹き出す風が、三陸《さんりく》沖の冷たい親潮《おやしお》（千島《ちしま》海流）海域からの海風となって吹いてきます。この冷たく湿った風が、山でせき止められて平野部に吹き溜《だ》まるので、弱い雨がシトシト降り続いて気温も上がらず、肌寒い陽気になります。

図表13「オホーツク海高気圧型」の気圧配置

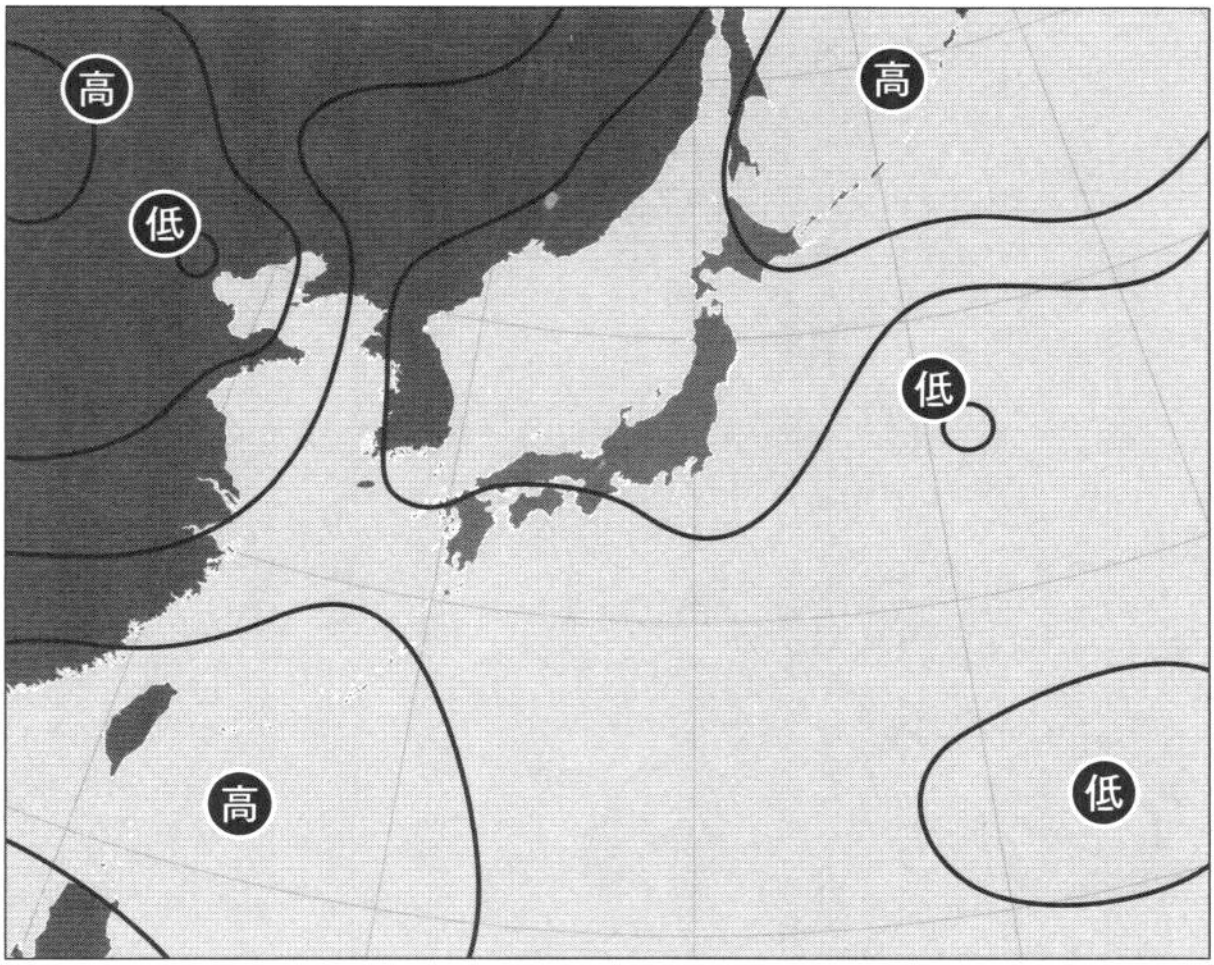

オホーツク海上に高気圧が居座《いすわ》ると、冷たく湿《しめ》った空気が北日本の太平洋側から関東地方に流れ込み、曇りや雨、低温が長引く

・オホーツク海高気圧型

北高型は、移動性高気圧の通過にともなってできるパターンなので、2、3日すれば高気圧が抜けて解消します。しかし、移動性高気圧ではなく、オホーツク海に滞留性の高気圧が形成されると、低温と曇雨天《どんうてん》が何日も続きます。オホーツク海の海面水温は夏でも12℃ほどしかなく、春から夏に、その冷たい海で冷やされた空気が海上にたまり、高気圧ができることがあります。これが「オホーツク海高気圧型」です（図表13）。

オホーツク海高気圧は、一度出現するとなかなか移動も解消もしないので、北日本の太平洋側や関東地方では、季節はずれの非常に冷たく、しかも湿った風が吹き続きます。農作物の生育期にもかかわらず、曇りや雨が続き、低温や日照不足による凶作が引き起こされるパターンです。

・鯨《くじら》の尾《お》型

夏になると、大きな太平洋高気圧が東から日本付近に張り出してきます。天気図で見ると、太平洋高気圧は等圧線の本数が少なく、東のほうが天気図からはみ出すほど大きいので、どの範囲までが高気圧かわかりやすいでしょう。その太平洋高気圧のなか、小笠原《おがさわら》諸島付近はひときわ気圧が高くなりやすく、亜熱帯《あねったい》の海から、暖かくて湿った空気が日本列島に流れ込むため、日本の夏は蒸《む》し暑くなるのです。

太平洋高気圧の西の端《はし》が、西日本から朝鮮半島にかけて、北に盛り上がるように広がっている気圧配置パターンを「鯨の尾型」と言います（図表14）。太平洋高気圧の西端が先細らず、東アジアでまるで鯨の尾のように広がって、さらに北に跳《は》ね上がっているように

図表14「鯨の尾型」の気圧配置

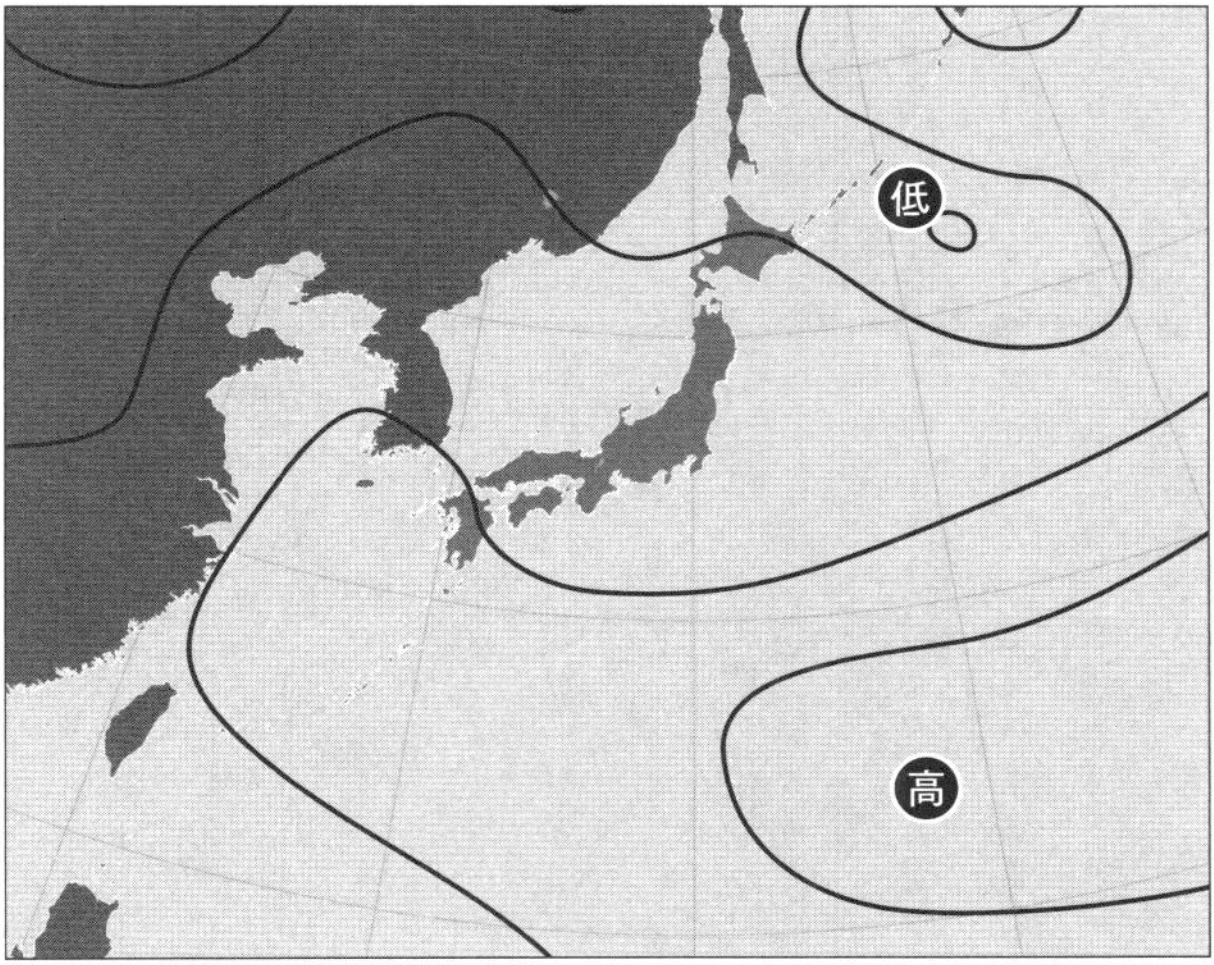

夏に、太平洋高気圧の西の端《はし》が北に盛り上がった形になると、晴れて猛暑になりやすい

見えるイメージからついた名前です。

鯨の尾ができるのは、大陸から進んできた別の高気圧が太平洋高気圧に合体した場合や、小笠原近海にあった気圧のひときわ高い部分が西のほうに移動して高気圧の西端を大きく北に押し上げた場合など、いずれも太平洋高気圧がなんらかの形で拡大強化された時です。

この気圧配置の時は安定して晴れ、全国的に厳しい猛暑となります。

・日本海低気圧型

低気圧と言うと、天気が悪くなる、雨が降る、風が強まるイメージがあると思いますが、実際に起こる現象は、低気圧がどこを通過するかによってかなり違います。このなかで、朝鮮半島付近から日本海を通過する低気圧を「日本海低気圧」と言い、その時の気圧配置が「日本海低気圧型」です（図表15）。

日本海低気圧の通過中は、低気圧の進路の南側になる場所では強い南風が吹きます。時には災害が起こるほどの暴風になり、季節はずれの高温になることもあります。しかし、雨は降り続くとは限りません。南《みなみ》海上の湿った空気が流れ込んできて、局地的な横殴《よこなぐ》りの雨になることもありますが、強風で雨雲が吹き飛ばされて、晴れ間が広がることもあります。

日本海低気圧は中心が東に抜けるタイミングで、状況が劇的に変化します。低気圧の中心から南に伸びた寒冷前線が通過し、この時には激しい雨や落雷、竜巻《たつまき》などの突風の危険があります。その後、寒冷前線が通過すると、風向きが一気に北寄りに変わり、気温も急降下して、季節はずれの暖かさから一転、今度は急激に寒くなることがあります。

図表15「日本海低気圧型」の気圧配置

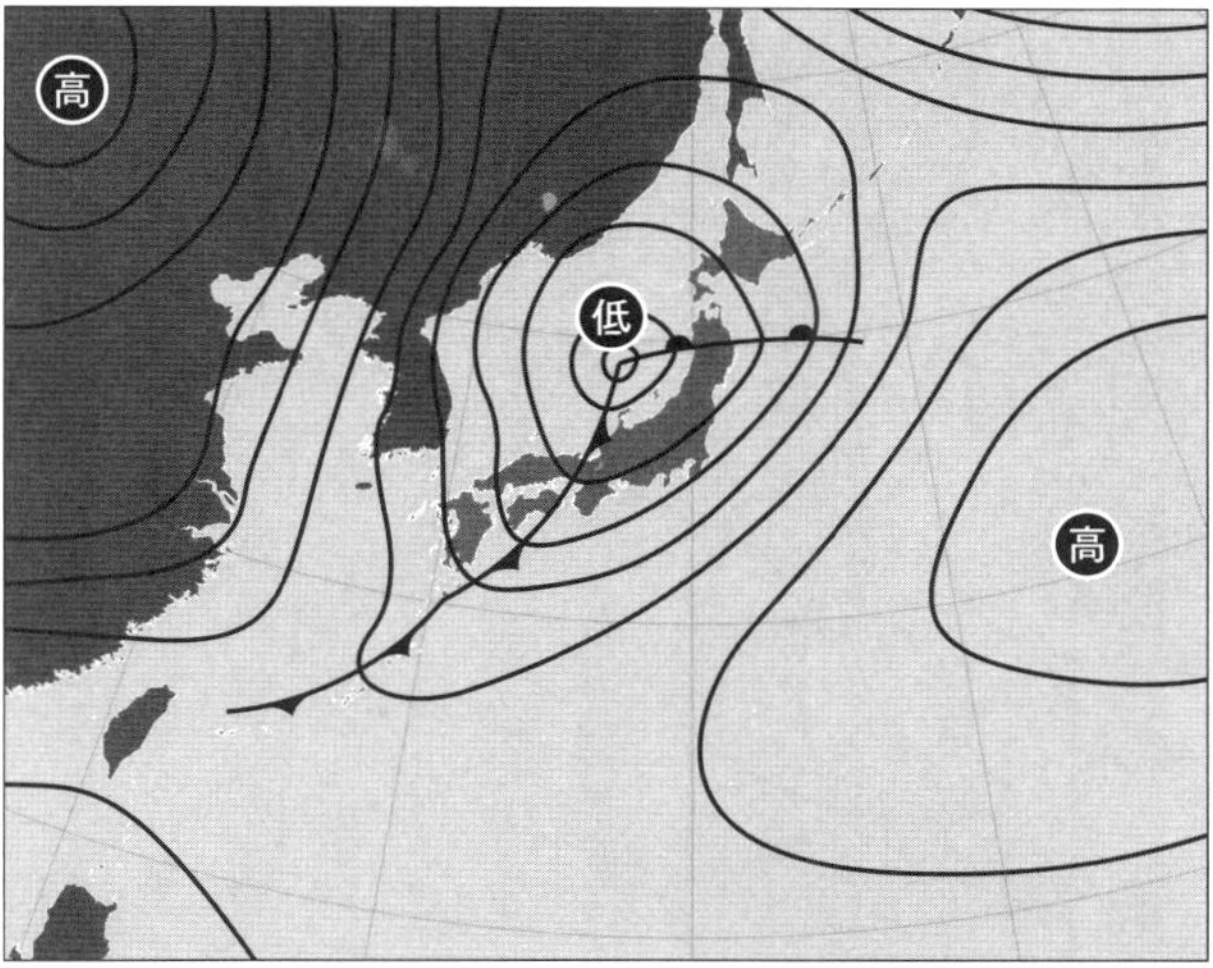

日本海に中心を持つ低気圧が進んでくると、東日本や西日本では南風が強く吹き、気温も上昇して、季節はずれの暖かさになる

いっぽう、日本海低気圧の進路の北側では雨、風ともに強くなりますが、北風なので気温が高くなることはなく、風向きや気温の急激な変化もあまりありません。

・南岸《なんがん》低気圧型

東シナ海から、九州、四国、本州のすぐ南の海上を進んでくる低気圧が「南岸低気圧」、その時のパターンが「南岸低気圧型」です(54ページの図表16)。

低気圧は、その北側に大きな雨雲が広がっているので、南岸低気

図表16「南岸低気圧型」の気圧配置

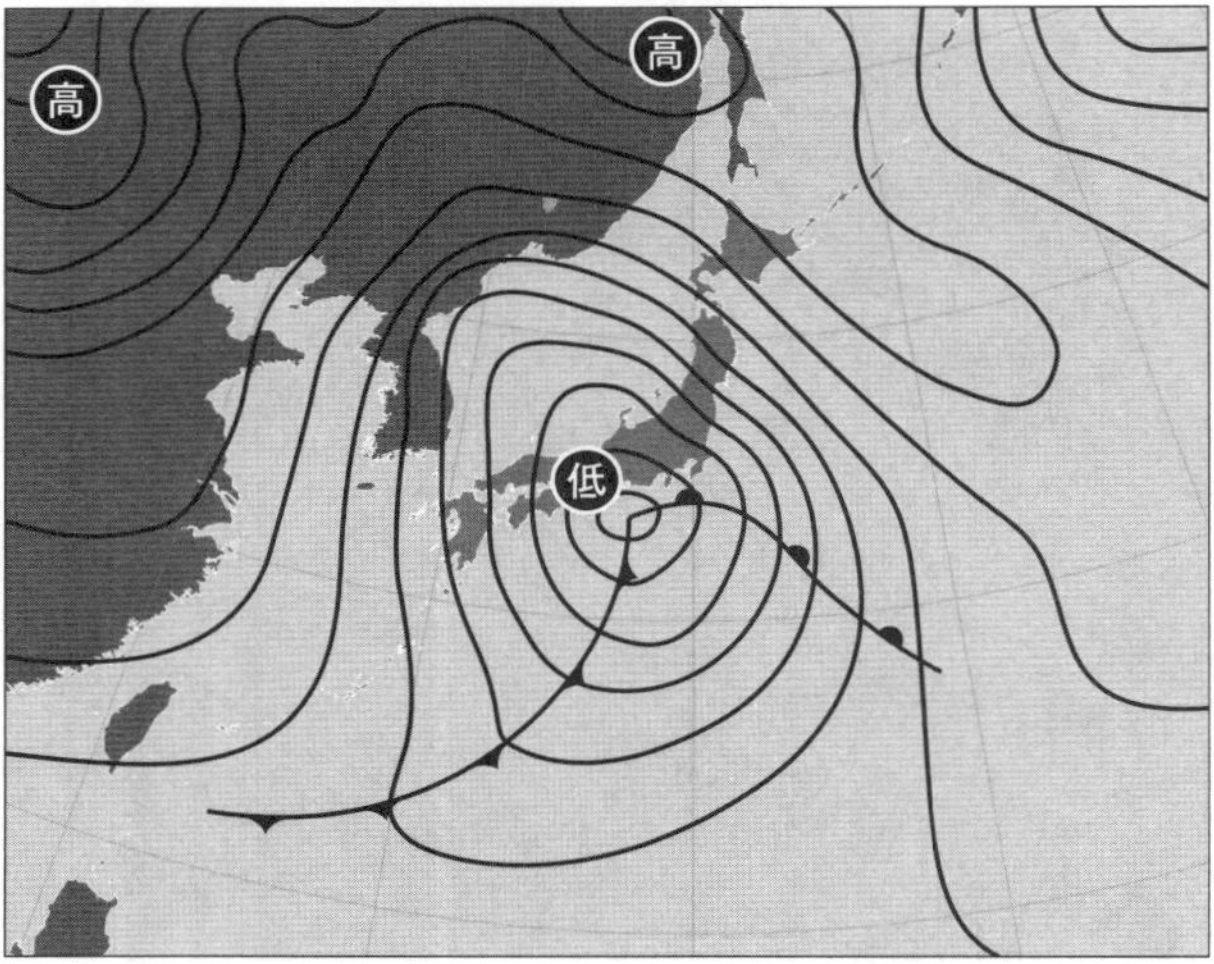

本州の南海上を低気圧が通過すると、各地で北風が吹き、雲も広がりやすくなる。冬なら、太平洋側に大雪を降らせることもある

圧が通過する時は、その北側に当たる東日本や西日本の太平洋側を中心に雨が降り続き、時には大雨になることもあります。また、低気圧に向かって北風が吹き込むので、低気圧の中心に近い沿岸部を中心に風が強く、気温も上がりません。

真冬にこの南岸低気圧が通過すると、関東地方など太平洋側で、大雪になるおそれもあります。

南岸低気圧の通過中は気温は上がりませんが、低気圧の上空には暖かい空気が流れ込んでいるた

図表17「二つ玉低気圧型」の気圧配置

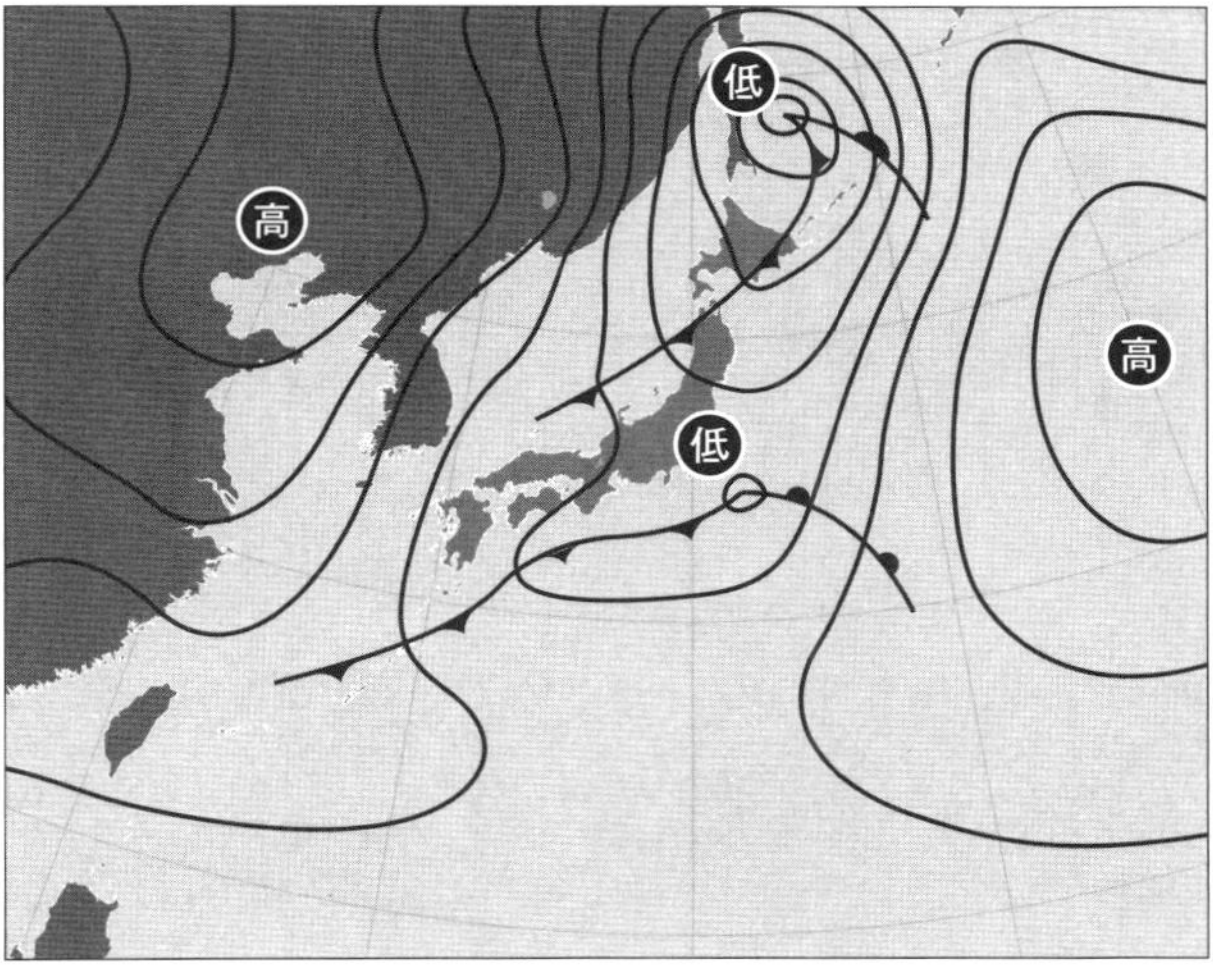

低気圧が南北に二つ連なり通過するパターン。南北の温度差が大きく、全国的に大荒れになることが多い

め、低気圧の通過後は、晴れて暖かくなることも多いです。

・**二《ふた》つ玉《だま》低気圧型**

低気圧が南北に二つ連なって、同時に日本付近を通過することがあり、この時の気圧配置が「二つ玉低気圧型」です（図表17）。

低気圧は、南北の温度差が大きいと発達します。しかし、ひとつの低気圧では解消しきれないほど、広範囲で大きな温度差が生じると、低気圧が二つ連動して発生、それぞれ発達しながら日本付近を通過して、全国的に大荒れの天気となることがあります。

低気圧が日本列島の東に抜けたあとも、二つの低気圧が合体してさらに発達し、北日本で嵐が長引いたり、強い寒気を日本付近に南下させたりすることもある危険なパターンです。しかも、どこでも大荒れになるわけではなく、南北の低気圧の間に入るとおだやかに晴れて、その後急に荒れることもある、油断しがちなパターンでもあります。

また、二つの低気圧が構造的に連動しているのか、たまたま別個の低気圧が近くにあるだけなのか、その見極《みきわ》めが難しいパターンでもあります。荒れると思っても結局すこし雨が降って終わり、ということもありますし、予想以上に荒れることもあります。

天気図を見慣れた人でも、1枚の天気図ではなかなか判断が難しく、予想天気図などとよく見比べたり、実況をよく監視する必要があります。

・停滞前線型

温暖前線と寒冷前線はそれぞれ低気圧の中心から伸びており、低気圧の渦巻きに従って反時計回りに回転しますが、寒冷前線のほうが速いので、いずれ寒冷前線が温暖前線に追

図表18「停滞前線型」の気圧配置

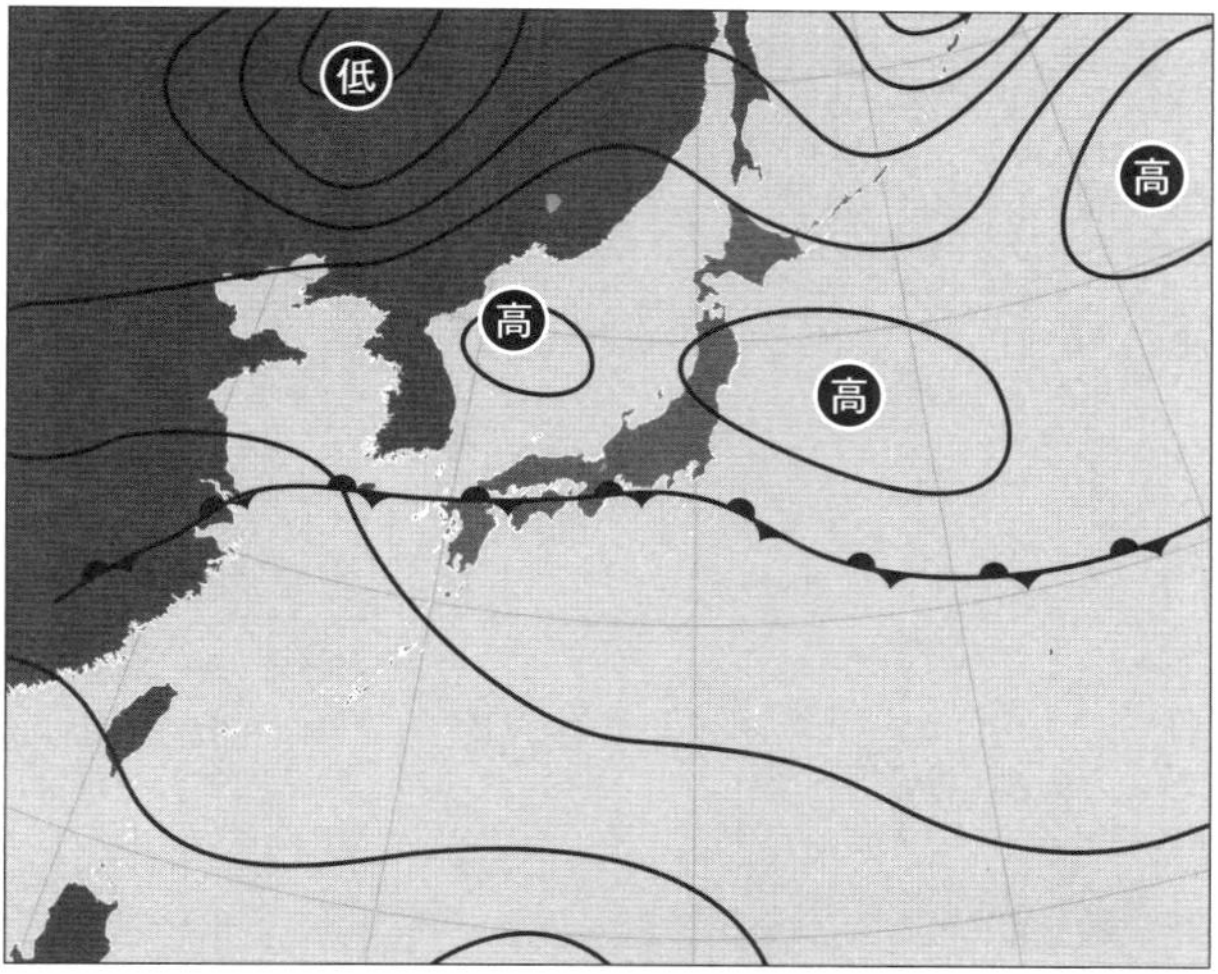

梅雨前線や秋雨前線のように、前線がしばらく停滞するパターン。悪天《あくてん》が長続きする

いつきます。そうすると、温暖前線と寒冷前線が重なり、その部分が閉塞前線になります。

　これらの前線はいずれも低気圧にともなってできるものですが、停滞前線は低気圧がなくても現われ、この時のパターンが「停滞前線型」です（図表18）。

　停滞前線の天気記号は半円と三角形が反対方向を向いていますが、これは暖かい空気と冷たい空気が互角にぶつかり合い、せめぎ合っていることを表わしています。このため、前線そのものにあまり動きがなく、文字通り停滞する前線となります。

代表的な停滞前線は、梅雨《ばいう》前線や秋雨《あきさめ》前線ですが、季節の変わり目には、温度や湿度が異なる空気がちょうど日本付近で触れ合い、時にはぶつかり合うので、東西に長く伸びた停滞前線が現われやすくなります。

停滞前線ができると、その付近では何日も曇りや雨のぐずついた天気が続きます。また、前線の北と南では空気の性質が違うので、停滞前線が南北に移動すると、温度が急激に変化したり、空気の質が明らかに変わったりします。

停滞前線が天気図に現われた時には、はっきりとした高気圧や低気圧が現われにくく、少なくとも、しばらく天気の大きな変化がなく、前線の近傍《きんぼう》では天気が悪いということぐらいしかわかりません。

その停滞前線が、どのような空気の違いによってできているのかがわかれば、周辺部の天気やその後の変化を察することも可能ですが、天気図上では1本の線であるにもかかわらず、その構造は非常に複雑で、南北方向に数百㎞の幅があるうえ、東西方向の雨雲の分布も一様《いちよう》ではありません。専門家が見ても、非常に予想が難しいパターンです。

第2章　知っておきたい　天気のメカニズム

基本中の基本！　水の三相《さんそう》

天気現象とその変化の主役となる物質は、なんと言っても水です。地球の大気は、水蒸気も水も氷も存在できる絶妙な温度に保たれています。このため、地球上の水は蒸発したり、結露《けつろ》したり、凍結したりと、常にその状態を変化させながら移動しており、その過程で天気にさまざまな変化をもたらします。

水のそれぞれの状態を「相《そう》」と言い、固体としての氷、液体としての水、気体としての水蒸気を「水の三相」、この状態が変化することを「相変化《そうへんか》」あるいは「相転移《そうてんい》」と言います。氷がとけて水になるのが「融解《ゆうかい》」、水が凍《こお》って氷になるのは「凍結」、水が気化《きか》して水蒸気になるのが「蒸発」で、反対に水蒸気が液化して水になるのは「凝結《ぎょうけつ》」です（図表19）。

氷から水を経《へ》ずに直接水蒸気になる場合と、水蒸気が直接氷になることは、どちらも「昇華《しょうか》」と言います。これでは混乱するので、前者を「昇華蒸発」、後者を「昇華凝結」と使い分ける場合もあります。

「融点《ゆうてん》」「沸点《ふってん》」という言葉は、聞いたことがあると思います。水に関して言えば、融点

図表19 水の変化

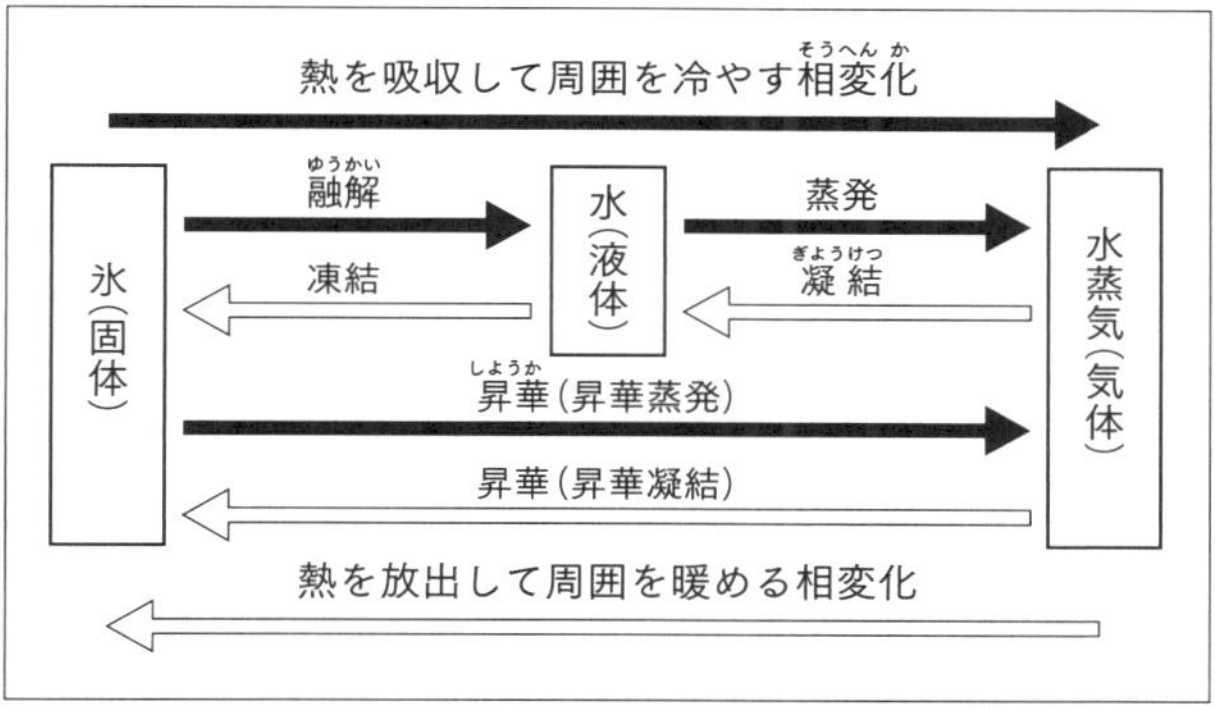

地球上の水には氷、水、水蒸気という三つの形状＝相《そう》があり、それらの間で、熱の吸収・放出をともないながら、変化を繰り返している

は氷が融解して水になる温度、沸点は水が沸騰《ふっとう》して気体、すなわち水蒸気になる温度です。融点や沸点は気圧によって変わり、一般的な地上気圧（93ページで後述）では融点は0℃、沸点は100℃です。山頂など、気圧が低いところでは沸点が下がるので低い温度でも水は沸騰しますし、圧力鍋のなかは気圧が高く沸点も高いため、高温での煮込みが可能になります。

　水は沸点を超えると、すべて蒸発して水蒸気になります。しかし、沸点に達しなければ蒸発しないわけではありません。もっと低い温度でも常に水は蒸発しています。そうでなければ、洗濯物は乾《かわ》きません。同様に、融点を下回ると、水も水蒸気もすべて凍りつくかというと、そうではありません。南極や北極に広がる氷も、その表面では常に氷が昇華して大気中に水蒸気が放出されています。

また、水は融点を下回っても必ずしも凍結せず、液体の状態を保つこともあります。水の温度が静かにゆっくり下がっていくと、0℃を下回っているのに凍らない「過冷却《かれいきやく》」の状態になり、0℃以下の「過冷却水」ができます。過冷却水は、マイナス3℃からマイナス5℃ぐらいに温度設定できる冷蔵庫であれば、ペットボトルに水を入れて蓋《ふた》をした状態でゆっくり冷やすと、作ることができます。

過冷却水はそっとしておくと液体の状態を保ちますが、ペットボトルからコップに注いだり、揺すったりして、ちょっとした刺激や振動を与えることで、一瞬で凍りつきます。過冷却水は自然界にもたくさん存在しており、特に雲のなかに浮いている過冷却水の水滴は、雪や雨が降るプロセスで重要な役割をはたします。

天気現象にかかわる、水の循環

このように、三つの相を行ったり来たりして、常に状態変化している水ですが、地球上の水のほとんどは海水です。地球の表面の約70％が海に覆われており、地球上に存在する水の約97％が海に蓄《たくわ》えられています。残りは、陸上の淡水《たんすい》と空気中の水蒸気ですが、陸上の淡水は、大部分が氷河《ひょうが》や極域《きょくいき》の氷などです。水蒸気の量は水全体の量に比べ、微々《びび》たるものにすぎません。

しかし、広大な海からは常に水が蒸発しており、大気中に水蒸気が放出されています。水蒸気は空気ですから、上空の風に容易に流されます。ほぼ同じ場所に固定される氷や水と比較して、水蒸気ははるかに流動性が高く、ごく少量とはいえ、地球上の水を遠くまで運搬する役割をはたしています。

少々大げさに言えば、水蒸気は世界中を巡りながら、凝結や昇華凝結といった相変化によって氷の粒《つぶ》や水滴を生じて雲になり、雨や雪となって再び地上に戻ってきます。地上に降ってきた水は、そのまま再び蒸発して大気に戻ったり、河川や湖を通って海に戻ったり、あるいは地下水となって、長い年月をかけてまた地表に現われたり、寒い地方に雪で降れば、そのまま氷として長く地上にとどまるものもあります。

このように、地球上の水は相変化を繰り返しながら海、大気、陸上といろいろなところを巡って、広い範囲に行き渡っています。

水の相変化は、身近なところでも起こっています。その状況を見れば、相変化を引き起こす原因も見えてきます。朝、草木や自動車のボディに霜《しも》が降りたり、窓が結露したりするのは、地面に近い空気中の水蒸気が、早朝の冷え込みで凝結や昇華を起こした結果です。また、熱い飲み物から湯気が立ち上っていれば、飲み物の表面から水蒸気が蒸発し、その水蒸気がすぐに冷えて凝結して白い湯気になり、今度はその湯気が蒸発して消えていくという相変化を目の当《ま》たりにしていることになります。夏に冷たい飲み物をグラスに注げば、グラスの周囲の空気が冷えて水蒸気が凝結、水滴となってグラスに結露します。

水蒸気がおよぼす影響

このように、水は温度の変化によって相変化を起こしますが、もうひとつ大事なのが「飽和《ほうわ》」という現象です。

地球上の気温は、１年中氷点下《ひょうてんか》のところもありますが、ほとんどの場所は０℃を超え、融点を上回ります。いっぽう、火山の熱など、よほど高温になる事情がない限り、自然に存在する水が沸点を超えることはありません。このため、すべての水分が凍りついて１カ所に固定されたり、すべて気化して海も川もなくなったりすることなく、氷、水、水蒸気の三つの相が同時に存在できる環境になっています。

氷や水は、空気と関係なく単独で存在しているため、何かの事情で量が増えれば、水たまりが深くなったり、積雪が増えたりするように、単純に増えるだけです。しかし、空気に溶け込んでいる水蒸気は違います。空気には、水蒸気が水蒸気として溶け込んでいられる限界値があります。この限界値に達することを「飽和する」と言い、限界値を「飽和水蒸気量」あるいは「飽和水蒸気圧」で表わします。そして、この飽和水蒸気量は、空気の温度によって変わります（67ページの図表20）。

具体的には、１㎥の空気の飽和水蒸気量は、気温が30℃の時は30・４ｇですが、10℃になると、約３分の１の９・41ｇに減少します。30℃の飽和した空気が10℃まで冷えた場合を想定すると、もともと含まれていた30・４ｇの水蒸気のうち、この空気中に残っていられるのは、９・41ｇしかありませんから、残りの約21ｇは水蒸気でいることができなくなり、凝結して水滴に変わることになります。

自然界では、空気中の水蒸気量が増えて飽和することもありますが、このように空気の温度が下がることによって、飽和していなかった空気が飽和するケースのほうが普通です。冷たい飲み物を入れたグラスの表面に水滴がつくのは、コップの周囲の空気が冷えて飽和し、気体でいられなくなった水蒸気が凝結するためです。空に浮かぶ雲も、水蒸気を含んだ空気が上空まで昇って温度が下がるために、水蒸気が凝結してできた水滴や、昇華凝結してできた氷の粒がたくさん浮遊している状態です。

したがって、水蒸気の量と上空の温度の分布がわかれば、どこでどのような雲ができるか予想できるということになります。

もうひとつ、水の相変化には大切な性質があります。水の相変化は温度に大きく依存していますが、同時に、周囲の温度を変える働きがあります。水にぬれた体をほうっておくと寒くなるのは、体についた水が蒸発する時に、体温を奪っていくからです。これを「気《き》化熱《かねつ》」と言います。水は蒸発する時に周囲の熱を吸収する性質があり、水蒸気が凝結して

図表20 水蒸気と気温の関係

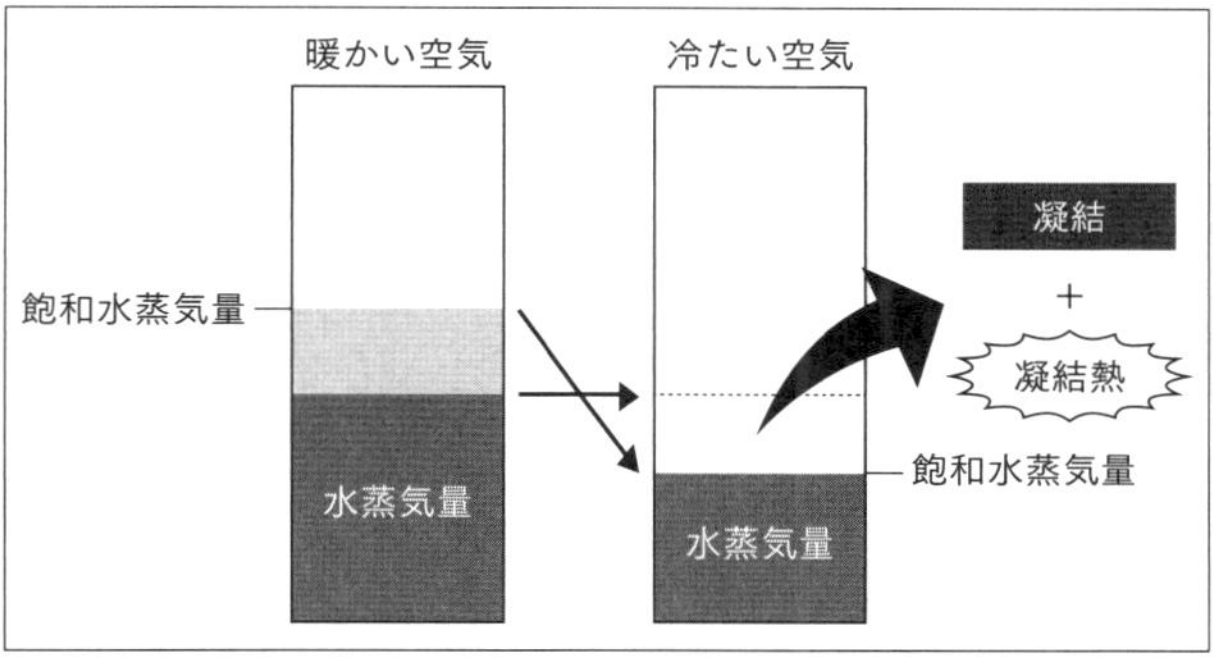

暖かい空気は、冷たい空気よりも多くの水蒸気を含むため、水蒸気量が変わらなくても、空気が冷えることで水蒸気が飽和に達し、余分な水蒸気が凝結《ぎょうけつ》して、周囲に熱を放出する

水になる時には、周囲に熱を放出して暖める性質があります。

そうすると、水蒸気を含んだ空気が冷えて水滴ができ始めると、冷えたはずの周りの空気が暖められることになります。また、暖かい空気中を落下する雨粒《あまつぶ》が途中で蒸発すると、周囲の空気は冷やされることになります。この性質は、急激に発達する積乱雲《せきらんうん》のメカニズムや、雨か雪かの判断などにかかわる重要なものです。

これら、水という物質のさまざまな性質を踏まえて、水蒸気が地球上の風や気流によってどこへ運ばれ、どのように変化するかを想定することが、天気予報のもっとも重要なポイントです。

雲ができるしくみ

雨、雪は雲がなければ降りません。雨粒や雪の結晶は、小さな雲粒《くもつぶ》が成長したものだからです。雨や雪を予想するには、まず雲ができるプロセスを知る必要があります。

雲は、非常に小さな水滴や、氷晶《ひょうしょう》という氷の粒がたくさん集まってできています。雲粒のひとつひとつの大きさは、大きなものでも直径10㎛《マイクロメートル》で、ヒトの赤血球と同じくらいの大きさですから、高い空の上にひとつだけポツンと浮かんでいても、目には見えません。

しかし、これが集団で浮いていれば、太陽の光が反射したり、散乱したりすることで、白い雲として認識されます。雲粒が濃密な雲であれば、その真下《ました》では日射《にっしゃ》が届きにくく、地上では昼間でも暗く、雲は真《ま》っ黒《くろ》に見えます。イベントなどで「なぜ白い雲と黒い雲があるのか」と、よく質問されますが、これは雲粒の密度と、雲が遠くにあるか真上にあるかの違いです（図表21）。

図表21 雲が白く(黒く)見える理由

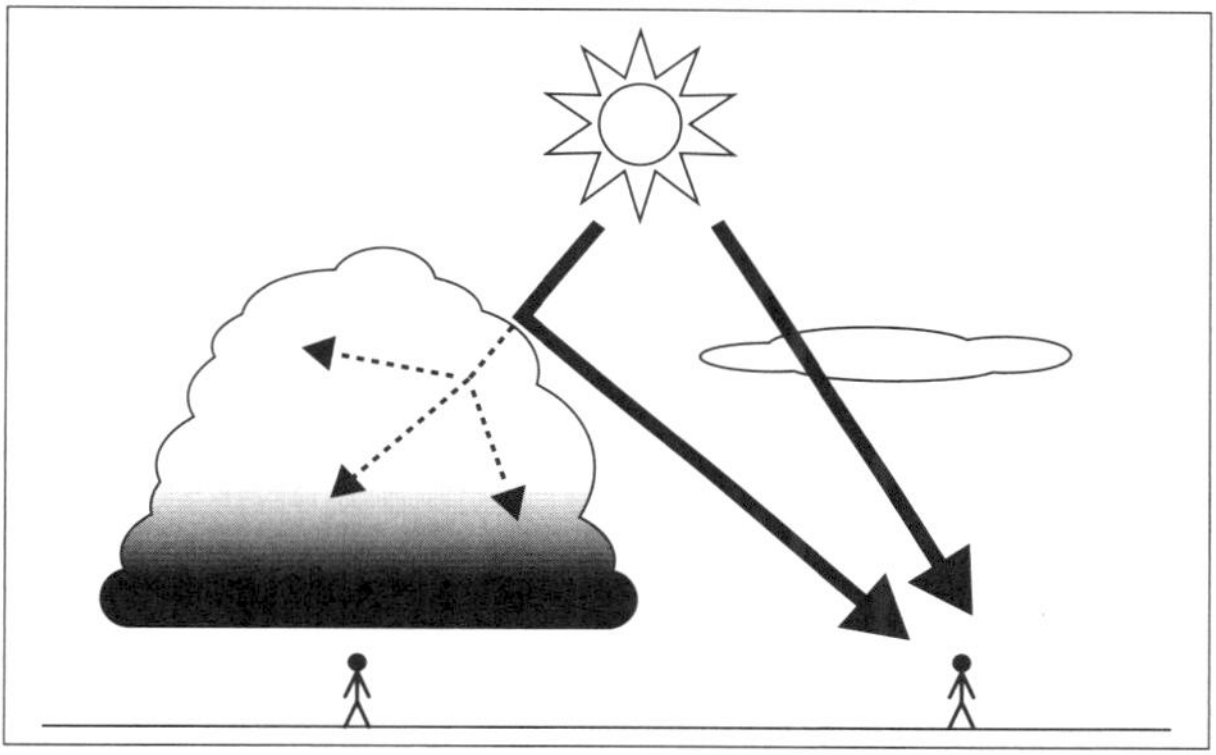

白い雲は薄いか、厚くても遠くにある時。黒い雲は、太陽光線をさえぎるほど厚い雲が真上にある時。このように、同じ雲でも見る場所によって黒く見えたり、白く見えたりする

雲粒は小さな粒子《りゅうし》ですから、落下速度もせいぜい秒速1cm程度。この程度の落下速度であれば、わずかでも上昇気流があれば落下できずに浮遊することになります。ですから、雲があるところには、ほぼまちがいなく上昇気流があります。

大気と気圧の関係

地球の大気について、押さえておきたい性質が二つあります。

ひとつは「冷たい空気は重く、暖かい空気は軽い」ことです。このため、冷たい空気と暖かい空気がぶつかると、冷た

い空気は暖かい空気の下に潜り込み、暖かい空気は冷たい空気の上に乗り上げます。暖かい空気は、冷たい空気よりも水蒸気を多く含むことができますから、より湿った空気が上昇しやすい、とも考えられます。

もうひとつは「空気は上昇すると温度が下がる」。正確に言えば、上昇するかどうかは関係なく、「空気は気圧が下がると温度が下がり、気圧が上がると温度が上がる」ことです。

そもそも、空気の温度とは、分子の運動量のことです。ピンと来ないかもしれませんが、空気を構成する窒素《ちっそ》や酸素などの分子は、秒速500mぐらいの速度で飛び回っています。これに外部から熱を加えると、分子が飛び回る速度が速くなり、運動量が増えます。つまり、分子の運動量と温度はシンクロしているということになります。

さて、この空間を壁で仕切ったと仮定すると、壁には次々と分子が衝突して、内側から圧力をかけます。これが「気圧」です。

この空間にさらに空気を詰め込んで分子を足すと、壁にぶつかる分子の数が増えます。つまり気圧が高まります。また、この空間のなかの分子の運動量の合計も、分子が増える

図表22 気圧と気温の関係

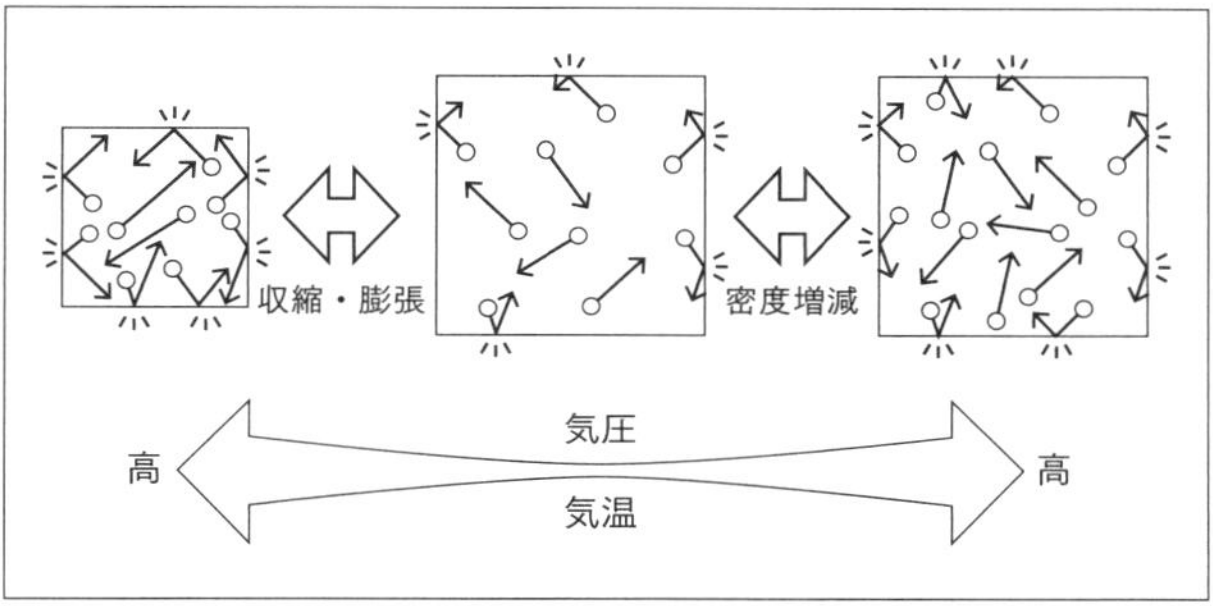

空気が収縮すると、空気分子の跳《は》ね返りが強まり、ひとつひとつの分子の運動が加速されるうえ、分子の密度も高くなるため、分子の運動量が多くなって気温が上がる(左)。反対に、空気が膨張すると、気温は下がる(中)。また、同じ体積でも、分子の量が増えて密度が増すと、気温は上がる(右)。このように、気温は分子の運動量によって決まる

ことによって多くなります(図表22)。外部から熱を加えたわけではありませんが、分子の運動量が増えたわけですから、これを私たちは「温度が上がる」と認識するわけです。

反対に、空気が薄くなると、同じ体積の空気でも分子の数が減りますから、分子の運動量も減少し、気圧も温度も低くなります。自然界で空気が薄くなる状態と言えば、地表面から離れて高いところに登った時です。

地球の重力は、標高が低いところほど強く働きますから、地球の大気も地表面に近いところでは空気分子が詰ま

っており、気圧も高く、したがって気温も高くなっています。反対に、上空に行けば行くほど空気は薄く、気圧も低く、温度も低下します。すこし難しい話になりましたが、標高と気圧と温度の関係によって、上空の気温は地上よりも低くなっているわけです。

雨と雪が降るしくみ

話を元に戻しましょう。水蒸気を含んだ暖かい空気は、冷たい空気よりも相対的に軽いので、それだけでも上昇します。風どうしがぶつかったり、風が山にぶつかったりするなど、空気を持ち上げるなんらかの強制力が働いた場合も、空気は上昇します。

上空に行くと、気圧が下がり、空気の温度が低くなるので、飽和水蒸気量が下がります。このため、地表面では飽和していなかった空気が、上空に行くと飽和します。空気中に水蒸気として存在できなくなった水蒸気は、その時の温度によって、細かな水滴、氷晶、過冷却水の水滴に変化します。これが、雲を形作る雲粒です。

この時、温度にも変化が起こります。水が相変化する時は周囲を暖めたり、冷やしたりすることを思い出してください。水蒸気が水滴や氷晶になる時は、周囲の空気を暖めます。冷えて周囲の空気と同じ温度になったはずの空気が暖められるわけですから、また空気が軽くなり、ますます上昇します。こうして雲は、上へ上へと成長していくのです。

ところで、水蒸気は飽和したからと言って、すぐに水滴や氷晶に変わるわけではありません。余分な水蒸気を吸着する「エアロゾル」という非常に小さい微粒子《びりゅうし》が必要です。

大気中には目に見えない微粒子がたくさん浮遊しています。波しぶきで空中に巻き上げられて乾燥した塩の粒、地面から吹き上げられた土壌粒子、ちり、埃《ほこり》、火山活動で大気中に放出された灰や煙の粒、煤《すす》、はたまた人間の産業活動によって放出された硫酸塩《りゅうさんえん》などの大気汚染物質……その種類はさまざまですが、これらの微粒子に水蒸気が凝結したり、昇華凝結したりすることで、水滴や氷の粒ができることがほとんどです。

ですから、空から降る雨や雪には、必ずこのような微粒子が含まれています。塩粒や土壌粒子ならともかく、汚染物質が降ると思うとやっかいです。いわゆる酸性雨《さんせいう》です。

さて、エアロゾルを核にしてできた雲粒は非常に小さくて軽いので、空中に浮いたままです。その雲粒が、落下するほど重い雨粒に成長するには、２種類のプロセスがあります。

ひとつは、熱帯の雨などに見られるものです。氷点下にならない程度の気温で、豊富な水蒸気と強い上昇気流、比較的大きな核が存在していることによって、凝結がどんどん進み、雲粒のひとつひとつが大きくなり、また数も多くなって雲粒どうしが衝突、合体してさらに大きくなり、やがて大きな雨粒となって落ちるパターンです。

もうひとつは、雲のなかの温度が氷点下になっている時のやや特異な現象です。氷点下ですから、雲のなかには氷晶と、同時に過冷却水の水滴も浮いています。氷晶と過冷却水滴では、氷晶のほうが水蒸気をより引きつける性質があるため、氷晶はどんどん水蒸気を吸着して成長し、その結果、湿度が下がって、過冷却水滴は蒸発して消えてしまいます。

こうして、雲のなかの氷晶は急激に成長して、やがて雪の結晶になります。最初は雪となって落下を始め、さらに水蒸気を吸着したり、他の結晶とくっついたりしながら落ちてきて、地上まで気温が低ければ雪として降ってきますし、落下の途中で気温が高くなって結晶がとければ、雨として降ることになります。

雪と雨はもともと雪の結晶で、地上に落下する時点でとけているかどうかの違いにすぎないのです。もちろん、途中で蒸発してしまえば、何も降ってきません。

このように、雲ができて、雨や雪が降るまでには、意外と複雑なプロセスを踏んでいます。ちなみに、雨粒の大きさは、大きくても直径５㎜程度。雨粒は空気抵抗を受けながら大きいものだと秒速10ｍほどの速度で落ちてきます。このため、雨粒は上が丸くて下が平坦な、あんパンのような形をしていますが、あまり雨粒が大きくなると、強い空気抵抗によって粒がバラバラに分裂してしまい、それ以上は大きくなれません。

いっぽう、雪は落下速度が遅く、雨粒の10分の１の秒速50㎝から１ｍほどでしかありません。そのぶんバラバラになりにくく、結晶どうしがベタベタに吸着し合ったボタン雪などは、ハガキぐらいの大きさで降ることもあります。

風が吹くしくみ

風は目に見えませんが、水蒸気、暖気《だんき》、寒気を他の場所へ運び、気温の変化をもたらしたり、雲を作ったり、反対に雲を消散させたりと、天気の変化を引き起こす原動力となります。

気象の世界では、水平方向の空気の動きを「風」、上下方向の空気の動きを「気流」と呼んで区別していますが、どちらも空気の動きであることに変わりはありません。ただ、風は非常に速度が速く、上空の風になると秒速100mに達することもめずらしくありませんが、通常の上昇気流や下降気流は、強いものでもせいぜい秒速10m程度です。

風は、世界中至るところで、さまざまな強さ、スケールで吹き続けていますが、多くは温度差によって引き起こされます。

熱帯地方では、強い日射によって地表面の空気が暖まりやすく、何かの拍子に、すぐ上昇気流が起こります。このため、熱帯では雲が発達して、激しい雨がよく降るのです。上空に昇った空気は、やがて赤道をはさんで南北、緯度にして30度ぐらいのところに、強い下降気流となって降りてきます。ここは下降気流ですから、雲ができにくく、よく晴れます。北半球の北アフリカから中近東、アメリカとメキシコの国境付近など、ちょうどこの緯度の付近に砂漠が多いのは、このためです。地上に戻ってきた暖気は、再び熱帯地方に戻ったり、一部は下降気流が弱いところを通ったりして、温帯地方に、蒸し暑い風となって吹き込むこともあります。

北極や南極では、空気が上空まで冷えて重くなり、地表面に向かって沈み込みます。この寒気が両極の周囲に流れ出し、入れ替わりに寒気の周囲では上昇気流が起こり、その後、北極や南極上空の沈み込んだ空気を補塡《ほてん》するように、極域に向かって流れていきます。

このように熱帯、極域では、暖気や寒気による空気の循環、対流が起こっており、熱帯の循環を「ハドレー循環」、極域の循環を「極《きょく》循環」と言います（79ページの図表23）。

どちらも、地上では極《きょく》から赤道方向に風が吹くことになりますが、地球上を吹く風は、「コリオリの力（96〜99ページで詳述）」によって北半球では右に、南半球では左に向きを変えられてしまうので、どちらも東寄りの風になります。熱帯付近の安定した東風は大航海時代、西に向かう絶好の風として知られていたので、「貿易風」と呼ばれました。

ハドレー循環と極循環は、どちらも上昇気流と下降気流をともなう循環ですが、その高さのスケールはまったく違います。暖かい空気は膨張し、冷たい空気は収縮しますから、熱帯のハドレー循環の上端は高度15㎞以上になりますが、極循環は6〜7㎞でしかありません。空気の層が熱帯では厚く、極に向かって傾斜状に薄くなっているわけです。

そうすると、上空に行けば行くほど傾斜が急になり、水が低いほうに流れるように、空気が熱帯から、極のほうに流れます。地球上を吹く風は、ここでまたコリオリの力が働いて、北半球では右に、南半球では左に曲がる性質があるため、赤道から北極に向かう流れはだんだん右に曲がり、しまいには西風になってしまいます。南半球では、最初は南極に向かう北風ですが、左に曲がって、やはり西風になります。

こうして、ハドレー循環と極循環の間、緯度で言うと、北緯南緯ともに約30度から約60度の間は、上空を強い西風が吹く、偏西風《へんせいふう》帯になります。

偏西風は、西から東にまっすぐ吹いているわけではありません。偏西風の極《きょく》側は極循環の先端部、強い寒気が流れ込む場所です。赤道側は、熱帯育ちの暖かい空気が上空から吹き降りる場所です。寒気と暖気が押し合い、せめぎ合い、その時の力関係によって、海の波のように南北に波打ちながら、時には海岸で波が砕《くだ》けるように逆《さか》巻《ま》きながら吹いています。この蛇行《だこう》によって、暖かい空気が極側に、冷たい空気が赤道側に運ばれて、地球上のあらゆるところで天気の変化が起こっているのです。

図表23 空気の循環

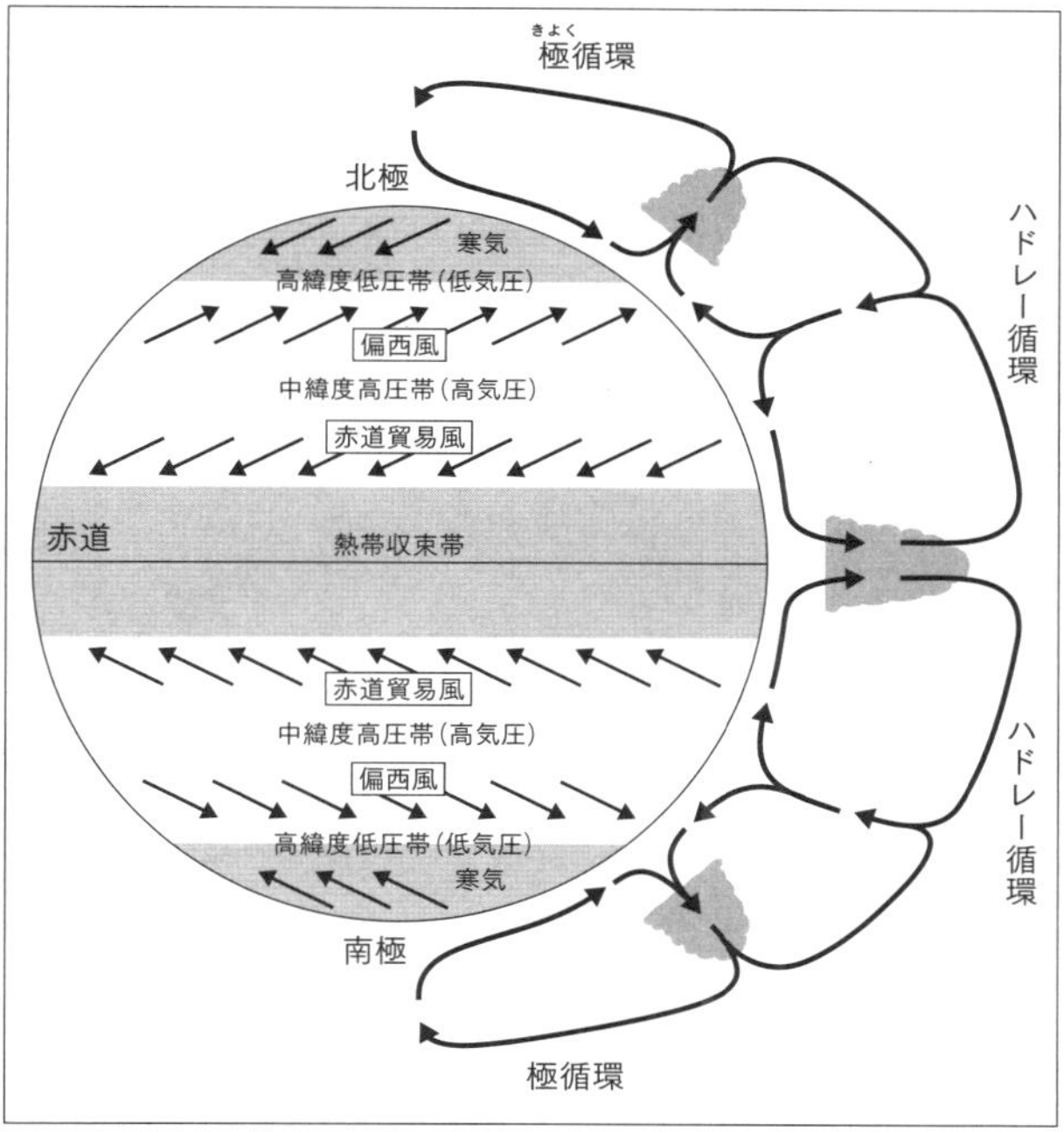

熱帯の暖かい空気の上昇がきっかけになって起こる循環が「ハドレー循環」で、北極・南極から流れ出した寒気を起点に起こる循環が「極《きょく》循環」である。これらは地球上の南北の温度差を解消すると同時に、偏西風などの大規模な風を起こし、高気圧・低気圧を発生させる

風の変化がおよぼす影響

これらの大規模な風は、常に一定というわけではありません。熱帯の日射も、極域の冷え方も日によって、季節によって変わりますから、その結果生じる循環や地上風も、その強さや位置は、刻々と変化します。

ましてや、寒気と暖気が混在して、大きく波打つ偏西風の影響下では、大小さまざまな低気圧や高気圧がたくさん発生します。高気圧も低気圧も、向きは逆ですが、どちらも風が渦を巻いていますから、風の強さも向きも頻繁に変化します。上空は偏西風でも、地上では東風ということもよくあります。

このように、寒気と暖気が混在すると、雲も発達します。たとえば、北半球であれば、暖気は南風によって運ばれてきます。南風が北のほうまで吹き込むと、そこには冷たい空気がありますから、相対的に軽い暖気は、その冷たい空気の上に乗り上げます。地表を吹いてきた南風が、上昇気流に変わるわけです。

反対に、寒気が北風とともに暖かい南方まで来ると、相対的に重い寒気は、暖かい空気を持ち上げて、その下に潜り込みます。ここでもやはり暖かい空気は上昇することになり

図表24 風の「収束」と「発散」

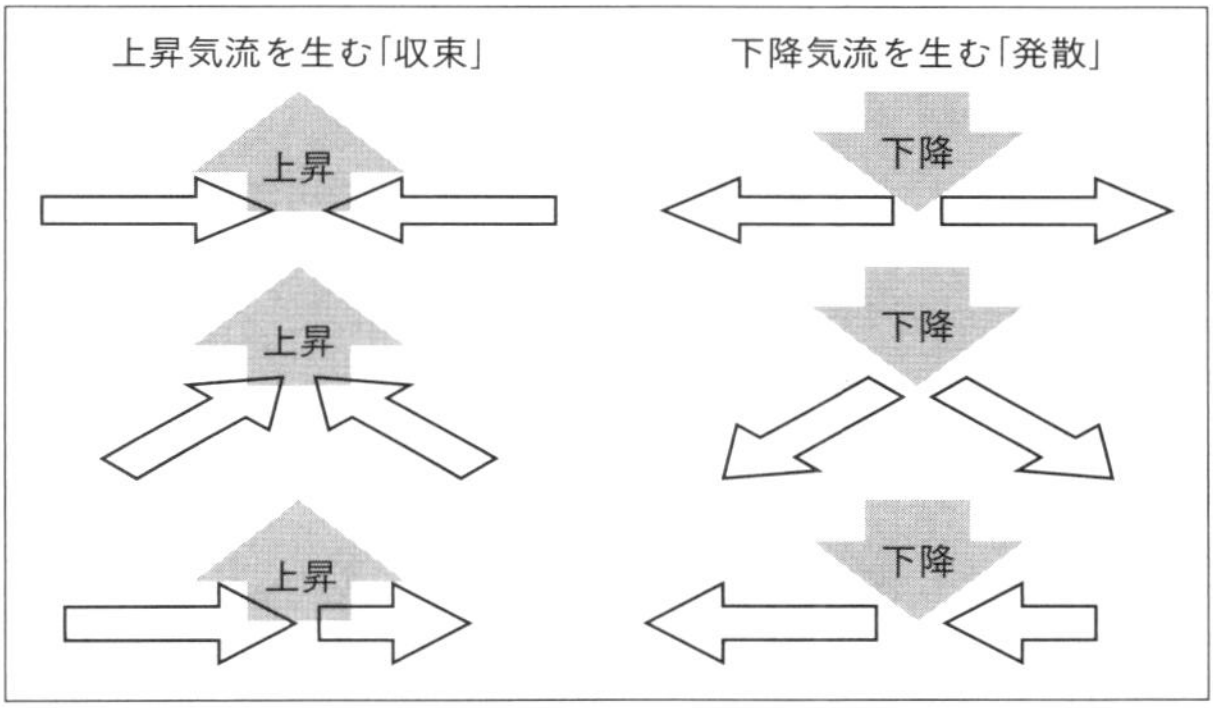

風が衝突する、合流する、うしろから追いつく吹き方をした場合を風の「収束」と言い、上昇気流が起こる（左）。その反対が風の「発散」であり、下降気流が生じる（右）

ます。日本付近であれば、暖気は太平洋上から吹いてきますから、非常に多くの水蒸気を含んでいます。湿った空気が上昇すれば、雲が発達して雨や雪が降ります。暖かくて湿った空気の流れ込む場所と、その風が上昇気流に変わるタイミングが読めれば、雨や雪もほぼ予想できます。

　風の吹き方には、もっと複雑な場合もあります。温度差がない状況でも、風が一点に吹き集まる、もしくは合流するように吹けば、密集したり、行き場を失ったりした空気が上昇し、上昇気流が生まれます。この現象を「収束」と言い、局地的な雨や雪の原因となります（図表24の左）。

反対に、風が分散するような時は「発散」と言い、上昇気流が起こりにくくなります（図表24の右）。

地面付近の低いところに冷気がたまっていると、天気図で見る限り、明らかに暖かい南風が吹くはずなのに、南風がその上を吹いてしまって、風も吹かず、気温も上がらない、ということもあります。

風と地形の関係

山など、地形の起伏《きふく》の影響も見逃せません。山には風の向きを変えたり、風速を弱めたり、反対に強めたりする作用があります。風は山にぶつかると、その向きを変えて、山を迂回《うかい》するように吹きますが、風が非常に強い場合や迂回路がない場合は、山を吹き越える場合もあります（図表25の上段）。

また、風が山を吹き越える時には上昇気流になりますから、山の斜面に沿って雲ができますし、山の斜面を冷気が下れば、雲海や霧が発生することもあります。山の風下《かざしも》側では、風が斜面を吹き降りて強まったり、通り過ぎた風が戻ってきて渦を巻いたり（渦流《かりゅう》）、

図表25 山と風の関係

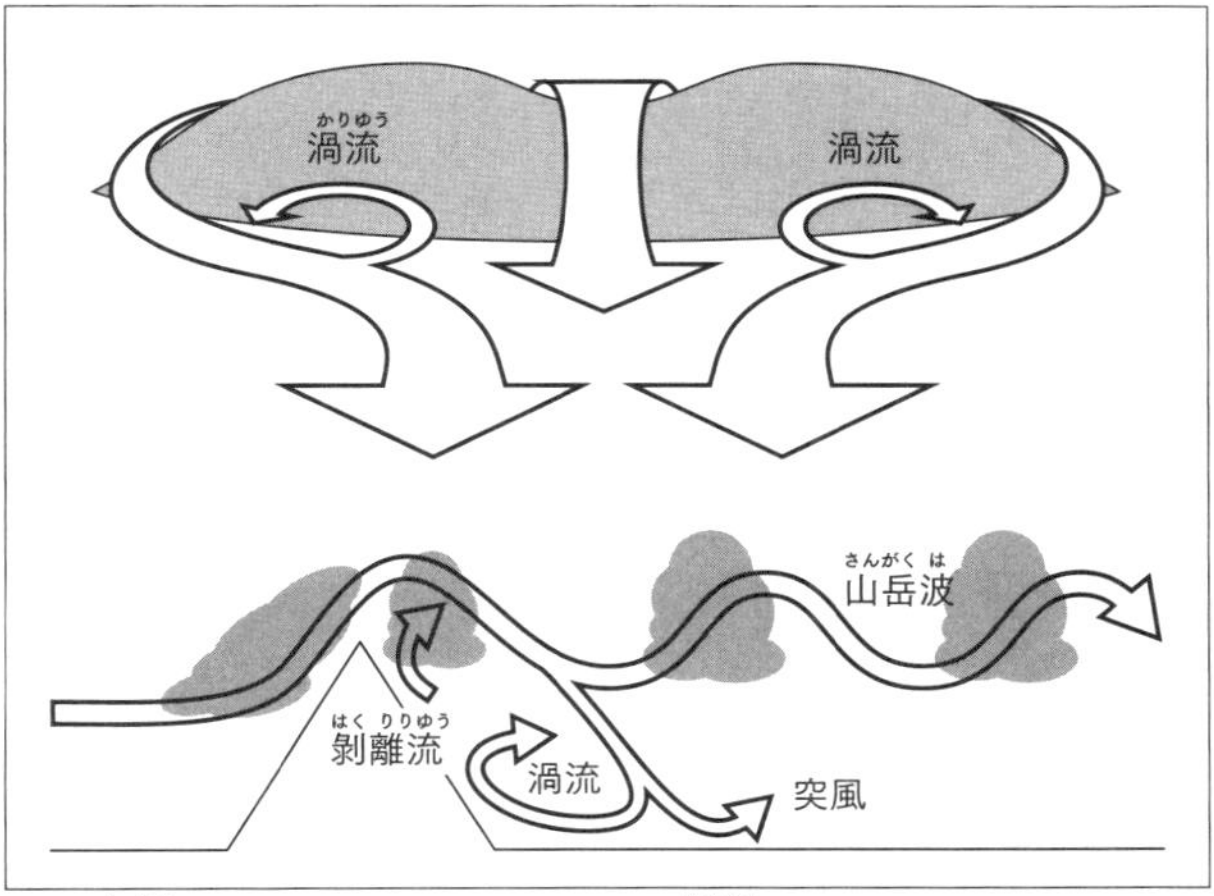

山を迂回《うかい》する風は、風下側で複雑な渦流《かりゅう》などが生じる(上段)。山を吹き越える風は、風下側で上下に波を打ったり、渦《うず》を巻いたりするなど複雑な流れを作り、雲を生じやすい(下段)

非常に複雑な吹き方をすることもあります(図表25の下段)。

風は、地表面では地面との摩擦《まさつ》で弱まっていますが、上空に行くと強くなります。すこし高いところに登っただけで、思わぬ強風に見舞われることもあります。また、海上は大きな障害物もなく、硬《かた》い地面と比べると摩擦が少ないので、陸上より風は強くなります。海岸から離れた場所ではそよ風なのに、海岸に出たら砂粒が飛び、痛いほどの強風が吹いていることがあります。こういう時は、海から吹いてきた強風が、陸上の弱い風に追突して上昇気流が起こり、海岸線に沿って雲が発生することがあります。

都会では、「ビル風」という特殊な風もあります。風が建物にぶつかることによって、風の流路《りゅうろ》が変わり、勢いよく吹き降りてきたり、渦を巻いたりする現象です。高いビルになると、ビルの上と地上でそもそもの風速も違うため、ビルの周辺で極端な風の変化や渦巻きができたりします。

ビルと言えば、空調などで、建物の外側と内側で温度差がある時、ドアが開くと一瞬冷たい風が吹きます。暖かい空気は膨張して密度が薄くなっていますが、冷たい空気は収縮して、いわばぎゅっと詰まった状態になっています。ですから、ドアが開くと、高密度で冷たい空気のほうが反対側に出るのです。

風が影響するのは大気の状態だけではありません。陸上を吹き抜ける風は、ちりや埃《ほこり》を空に巻き上げ、海上を吹く風は波を起こし、波しぶきを立てて、海塩《かいえん》の粒を空気中に撒《ま》き散らします。これらの微粒子は、やがて雲粒の核になるエアロゾルになります。もし風がまったく吹かなくなったら、天気現象は何も起こらなくなるでしょう。

図表26 地軸《ちじく》と季節変化の関係

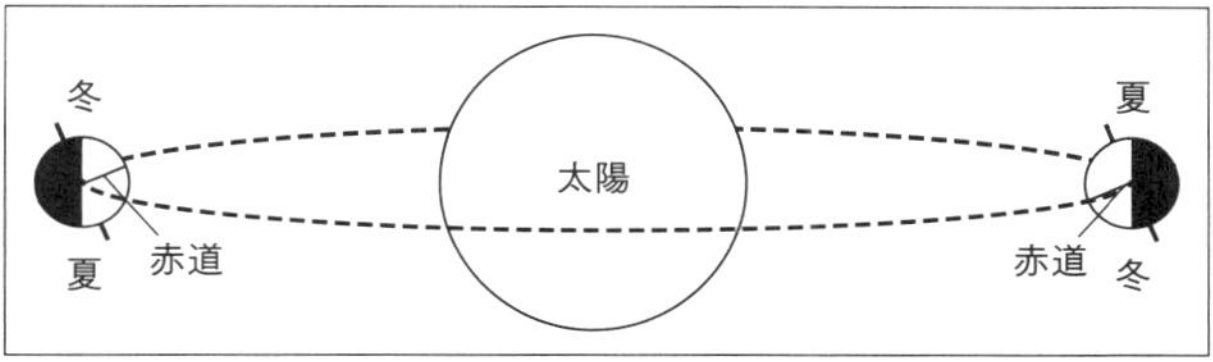

地球の自転軸（地軸）は太陽に対して傾いているため、地球が太陽の周りを１周する間に、北半球が太陽光のエネルギーを多く受け取る時期と、南半球が多く受け取る時期が交互に現われる

季節と気温の関係

気温は、その土地の気候をもっとも特徴づける気象要素です。日本のように四季がはっきりしているところはめずらしく、年間を通じて暑い（寒い）ところもあれば、季節によって温度差が激しいところもあります。１日のうち昼と夜で気温が変化する幅も、場所によって違います。

温度の分布が変われば、風の吹き方が変わり、水蒸気が運ばれる先も変わりますから、天気にも変化が現われます。天気が変わると、それがまた気温の変化をもたらしますから、この循環には終わりがありません。

そもそも気温に変化をもたらすのは、太陽光のエネルギーです。地球の自転軸（地軸《ちじく》）は太陽に対して約23度傾いており、その状態で公転していますから、北半球が太陽を向く時期と南半球が太陽を向く時期ができます（図表26）。

これが、北半球と南半球で季節が逆になる理由です。北半球が太陽を向くと夏になり、太陽が真上に来る場所も、赤道より北になります。熱帯地方の上昇気流も、その北の下降気流も、すべて北半球に偏《かたよ》り、温帯地方には暑い空気が流れ込んできます。

いっぽう、北極圏の夜は「白夜《びゃくや》」となって、太陽が1日中沈みませんから、寒気はすっかり弱まります。その頃、南半球では、赤道直下でも太陽は真上に来ません。緯度が高くなるほど、太陽の力は弱くなり、南極圏は1日中太陽が昇らない「極夜《きょくや》」になります。空気がどんどん冷えて、寒気が蓄積され、低緯度に吹き出します。

こうして、ハドレー循環も極循環も季節によって変動しますから、当然、中間の偏西風帯では寒気と暖気のバランスが変わって、気温は季節によって大きく変動します。

しかも、太陽光の吸収は、陸地と海洋で大きく異なります。陸地はすぐに暖まり、冷めるのも早いですが、海はゆっくり暖まり、一度水温が高くなると、なかなか冷えません。このため、内陸部では夏、特に昼間は暑く、冬は寒くなりますが、海沿いでは夏は比較的すずしく、冬は内陸よりも暖かです。

太陽光の強さと、気温の変化には時間的なズレが生じます。陽射《ひざ》しが一番強いのは、北半球では六月下旬の夏至《げし》の頃ですが、その後も陽射しが強い状態がしばらく続くため、気温は上昇を続けます。ようやく気温の上昇が落ち着くのは、夏至から約1カ月後の七月下旬から八月上旬です。

冬は反対に、十二月下旬の冬至《とうじ》を過ぎて太陽光が強まり始めても、すぐには気温が上昇しません。ですから、1年でもっとも寒いのは、一月中旬から二月はじめにかけての時期になります。

また、海は陸よりも反応が鈍《にぶ》いので、海面水温が一番高い時期と低い時期は、さらに1カ月ほどずれ込むことになります。同様に、日々の最高気温も、太陽高度がもっとも高い正午ではなく、午後2時頃になります。最低気温は、夜の間冷え続けたあと、日《ひ》の出《で》頃に記録されるのが普通です。

暑さと寒さのしくみ

太陽光の強さによって温度が変わるということは、昼夜はもちろん、天気によっても違うということになります。快晴で陽射しがたっぷり降り注ぐ日と、どんよりと曇って陽射しが届かない日では、昼間の気温の上がり方が違います。晴れの日は、最低気温と最高気温の差が10℃以上になることもめずらしくありませんが、曇りでは5℃、雨では3℃ぐらいしか変わりません。

ちなみに、気温は直射日光を受けない条件で測《はか》ることになっており、日陰《ひかげ》の気温です。日向《ひなた》の気温は、日陰より5℃以上高くなってもおかしくありませんから、照ると降るでは大違いです。

また、晴れて風が弱い日は、夜になると地面近くの空気がどんどん冷えます。風があれば、すこしは上空の暖かい空気と攪拌《かくはん》され、気温の低下は鈍くなりますが、風が弱いと攪拌も起こらず、冷えるいっぽうになります。天気予報で「放射冷却が進む」と言っている時は、この現象が起こるケースです。風が弱くて晴れている時は、朝は冷え込んでも、昼間になれば、おだやかな晴天になり、気温が上昇します。昼夜の温度差が非常に大きくなるパターンです。

太陽光だけでも相当な違いが出るのに、そこに風が吹くと、またまた温度が変化します。暖まった空気が風に運ばれて他の場所へ移動したり、上空の冷えて重くなった空気が

図表27「フェーン現象」のしくみ

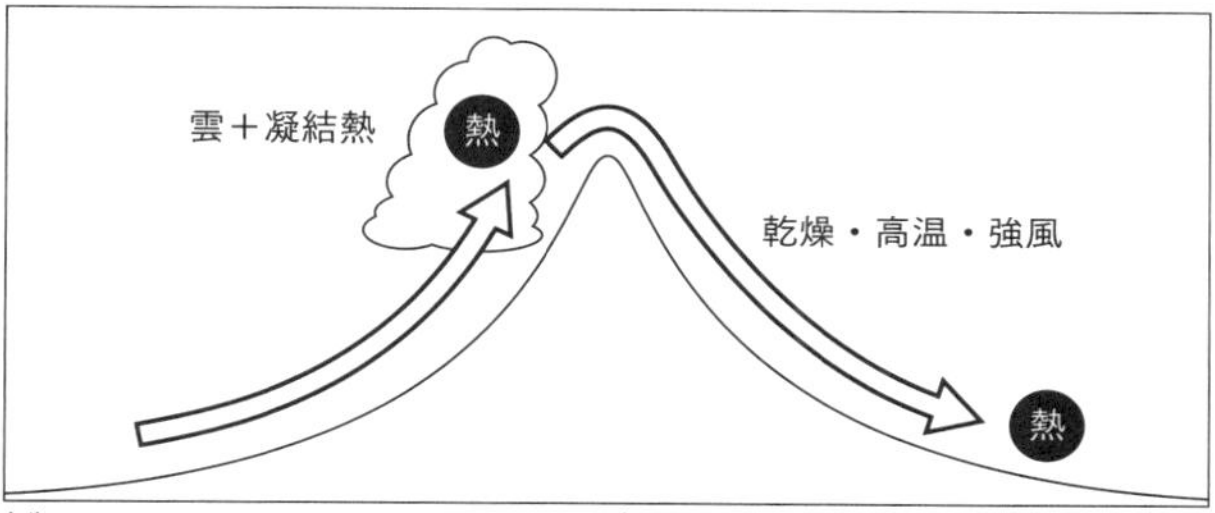

湿《しめ》った風が山を吹き越える時、風上《かざかみ》側は水蒸気が凝結して雲ができて凝結熱が生じるが、風下《かざしも》側には雲は来ずに、凝結熱で暖まった空気だけが降りるため、気温が高く、乾燥する

下降気流になって地上に降りてきたり、という具合に、空気そのものの移動で気温が変わることもあれば、前線が通過する際には、暖気と寒気が急激に入れ替わって、数十分の間に10℃前後も気温が変わることもめずらしくありません。

暖かい空気は、水蒸気を多く含む傾向がありまず。この空気が上昇すると、雲が発達して雨や雪が降りますが、この時、日射が雲でさえぎられるのと同時に、雨が強く降ると、その雨が上空の冷気を引きずり下ろし、一気に気温が下がることもあります。水平方向の風だけでなく、上昇気流や下降気流も気温の変化には大きく影響します。

風による気温の変化と言えば、忘れてはいけないのが「フェーン現象」です（図表27）。

フェーンとはもともとアルプスの風の呼称で、山を吹き越えた強風が、非常に高温で乾燥した風となって、風下《かざしも》側の山の斜面を吹き降りる現象です。湿った空気が山の斜面を上昇すると、水蒸気が凝結して、凝結熱が出ます。風下側には、水蒸気を失って、代わりに凝結熱を持った空気が吹き降りるので、極端に気温が高く乾燥します。

フェーン現象は、列島を南北に貫《つらぬ》く背骨のような山脈を持つ日本でも頻繁に起こります。南風が強い時には日本海側で、北風が吹くと太平洋側で起こります。フェーン現象が起こると、大火事の危険が高まりますし、関東地方などで最高気温が40℃まで上がるような時は南風が主体の夏にもかかわらず、北風が吹き、フェーン現象が起こっています。

同じ山越えの風でも、「ボラ」というタイプの風は、寒風《かんぷう》です。これは東ヨーロッパのアドリア海沿岸で吹く風が元になっており、山の反対側にたまった内陸部の冷気があふれ出す現象です。元の空気が、内陸部の乾燥した、そして強烈に冷え込んだ空気なので、凝結熱もあまり出ず、冷たいまま山の斜面を吹き降りてきます。

体感温度はあてにならない

光と風――ほとんどの気温変化は、この二つの組み合わせで説明できますが、地面の状態も気温に影響します。

砂地や岩盤《がんばん》は直射日光に敏感で、昼は晴れていると極端に熱くなりますが、夜になると厳しい冷え込みに見舞われます。砂漠では、昼夜の温度差が20℃にもなることがあります。しかし、地面が植生《しょくせい》（対象地域に集まって生育している植物の集団）に覆われていると、直射日光を浴びても比較的気温は上がりにくく、植物から蒸散《じょうさん》する水蒸気が地表を冷やすため、昼夜の温度差はそれほど大きくなりません。また、地面が雪や氷に覆われると、直接空気を冷やす効果もあり、晴れても太陽光を反射するため、気温はなかなか上がりません。

数字で表わされる気温と、私たちが肌で感じる「体感温度」には、時として大きな隔《へだ》たりがあります。これは気温だけでなく、直射日光が当たっているか、風がどれくらい吹いているか、そして湿度の高低で大きく違います。直射日光が当たっていれば、当然暖かく感じられますし、風が強いと、体表面の暖かい空気が吹き飛ばされると同時に、特に乾いた風の場合は汗もすぐ乾いてしまうので、体感温度は低くなります。

「風速1m/s（メートル毎秒＝秒速）につき体感温度は1℃下がる」と言われることがありますが、これは単純には当てはまりません。気温が35℃の時に、15m/sの強風が吹けば、体感温度は20℃で過ごしやすいかというと、そんなことはありません。かえって、熱風が暑く感じられるでしょう。風による体感温度の低下は、気温が10℃を下回るような寒冷な環境のほうが感じやすく、気温が低ければ低いほど、風の影響も大きくなります。

季節への慣れも見過ごせません。夏から冬に向かう時期には、体が暑さに慣れていますから、暑さよりも寒さに敏感になりますし、反対に、夏に向かって気温も湿度も高くなる時期には、暑さが体にこたえます。そういう意味で、気温の変化が日によって激しい時は体がなかなか順応できず、体への負担が大きくなります。

高気圧と低気圧のしくみ

地球に降り注ぐ太陽光のエネルギーによって、地球上に温度差が生まれ、その温度差が水蒸気を含んだ空気の流れを引き起こし、天気の変化をもたらす――この一連の動きの状況が一目でわかるのが、天気図における気圧配置です。

気圧と天気の関係は偶然見つかったものですが、その後の研究によって天気のメカニズムが明らかになった結果、やはり気圧が天気の状況をもっとも的確に表わすものであることがわかりました。日々の天気予報でも、「高気圧」「低気圧」という単語が頻繁に使われており、高気圧が来れば天気が良くなり、低気圧が来ると天気が悪くなることは子どもでも知っています。

高気圧、低気圧とは、特定の値《あたい》を境《さかい》に高いか低いか、という指標ではなく、周囲よりも気圧が高ければ高気圧、低ければ低気圧というだけです。地形にたとえるなら、山や谷には標高の基準はありません。海中の山でも山、高原の谷も谷です。高気圧、低気圧もこれと同じです。

それでは、高気圧、低気圧とは何か。これが、なかなか一言では言い表わせません。「地上気圧」とは、地表面を押さえつける力のことです。分子レベルで言うなら、地表面に衝突する空気の分子の勢いが強い、あるいは数が多い、ということです。そこで、気圧が高くなる状況＝高気圧を考えてみましょう。

まず、空気が冷える場合です。空気は冷えると体積が小さくなり、縮《ちぢ》みます。ということは、大気の層全体が下がるわけですから、上から下への空気の流れが生じます。地表面にぶつかる空気の分子は勢いが増し、上空に向かう空気分子の動きは、空気全体が収縮する動きと相殺《そうさい》され、勢いが弱まります。この結果、地上では気圧が高くなり、天気図上では高気圧が表現されます。冬にシベリアにできる高気圧などが、このタイプです。

空気が冷えなくても、下降気流が生じる場合があります。上空で風が収束すると、強制的な下降気流が生じて、地表面に圧力をかけます。この場合、空気は冷えるどころか、下降するにしたがって密度が増し、温度も高くなります。大気層全体が縮むわけではありませんから、地上から上空までつながった、非常に背の高い高気圧になります。ハドレー循環によって生じる太平洋高気圧などが、このタイプです。

いっぽう、低気圧は、空気が暖まったり、地上の風が収束したりすることで、上昇気流が生まれると発生します。高気圧とは逆に、地表面にぶつかる空気分子よりも、上空に向かう分子が増えるからです。

熱帯地方の海上では、強い上昇気流と豊富な水蒸気によって、雨雲が発達します。雨雲がまとまれば熱帯低気圧ができ、偏西風帯では暖気と寒気がぶつかり、暖気が上昇することによって低気圧が発生します。また、地上の空気はそれほど暖かくなくても、上空の温度が低くなると、その寒気が下降するのと入れ替わる形で上昇気流が発生、低気圧になります。

東京と札幌の差は時速１４０㎞！

高気圧や低気圧のなかには、小規模で、天気図には現われないものもあります。

風が山にぶつかって吹き越える時にできる風上《かざかみ》側の斜面の高気圧や、対照的に反対側の斜面にできる低気圧、盆地に冷気がたまってできる高気圧など、地形の影響でできるもの。また、夜間に空気が冷えて地表面に発達した積乱雲にともなって生じる非常に強い上昇気流や下降気流の結果生じる高気圧、低気圧など、局地的な気圧の差も頻繁に現われます。

どの高気圧、低気圧にも共通しているのは、地上では「高気圧から低気圧に向かって風が吹く」ことです。その風は、気圧配置が大規模になればなるほど、渦を巻いて吹きます。この渦巻きは、地球が球体で自転しているために働く「コリオリの力」によってできるものです。

地球上を地表面から離れて自由に動くものは、北半球では右に、南半球では左に、移動しながら向きを変える性質がありますが、北半球を例に、コリオリの力について説明しましょう。

まず、東西方向の移動からです（図表28の上2段）。たとえば、日本から同じ緯度に沿ってまっすぐ東に進むと、北米の東海岸に達する。実は、この言い方は誤《あやま》りです。東ではあるけれど、まっすぐではないのです。緯度に沿った線が直線なのは赤道だけで、たとえば北緯35度の線は曲線で、直線にはなりません。

これは、地球儀にリボンのようなすこし幅のある紐《ひも》を当てればすぐわかります。日本から東西方向になるように紐を当てて、そのまま地球を1周するように回していくと、北米ではなく、太平洋から南米に向かい、ブラジルを通って元に戻るはずです。これが、まっすぐです。

たとえば、東を向いて、まっすぐボールを投げたとします。このボールは、速度は一定

図表28「コリオリの力」のしくみ(北半球の場合)

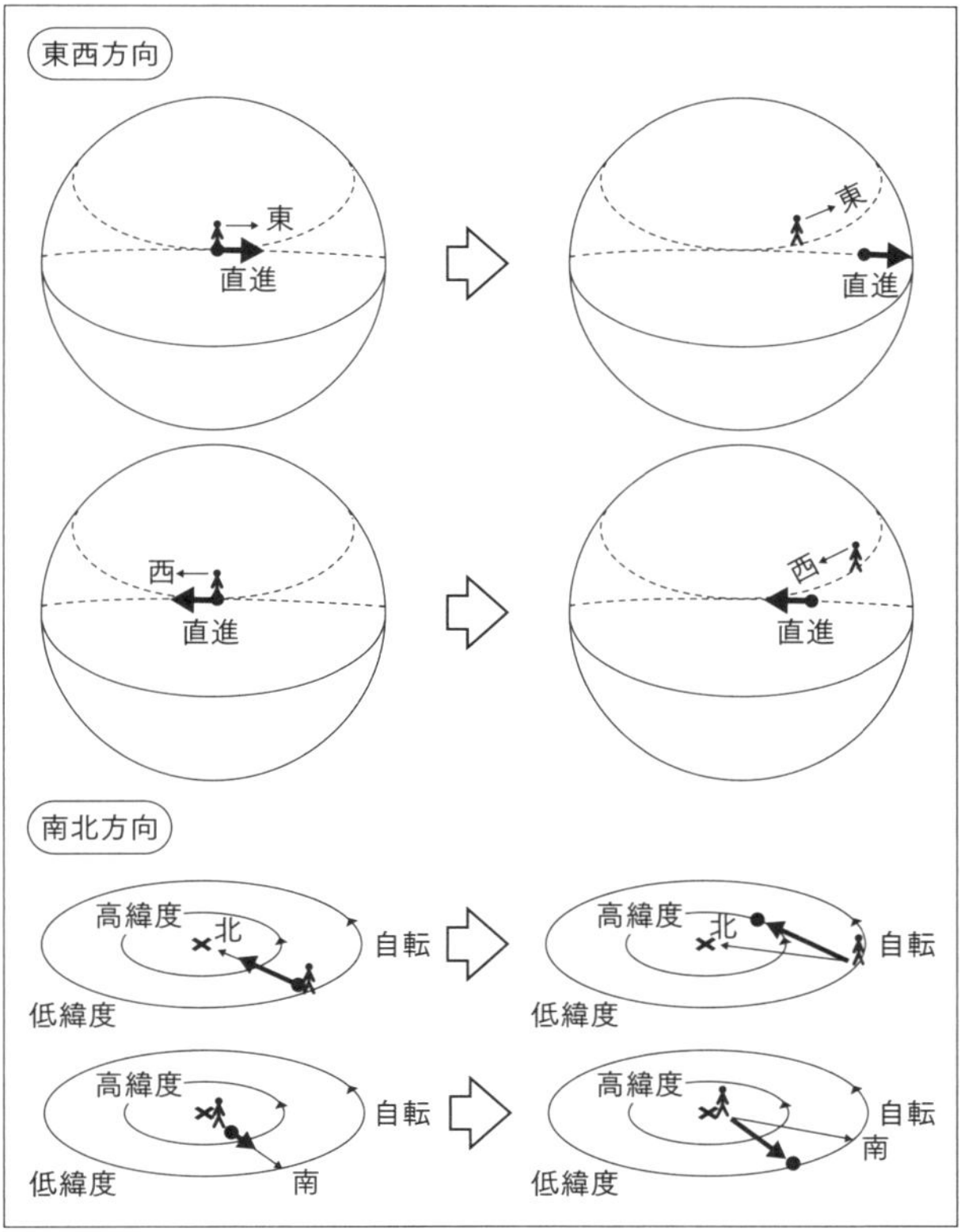

地球は球体で自転しているため、地上にいるわれわれの目には、東西方向に直進する物体は、右に曲がって進んでいるように見える(上2段)。また、南北方向に直進する物体も、高緯度と低緯度の自転速度の違いから、右に曲がって移動しているように見える(下2段)

で、絶対落ちてこないと仮定しましょう。東に向けて発射されたボールは、ブラジルに向かって飛んでいきます。

いっぽう、地表に足をつけている私たちは、地球の自転によって緯度をキープ、次第に左のほうに回転していきます。しかし、私たちの周りの景色は変わりませんから、自分が回転していることには気づきません。その結果、ボールのほうが右に逸《そ》れていったと感じるわけです。

西向きの場合も同じです。西を向いて、じっと動かずに立っているとしましょう。何も動いていないようで、実際は地球の自転によって、うしろ向きに移動しながら、目線はどんどん左向きに回転しています。そうすると、宙に浮いて西向きにまっすぐ動くものは、右に移動しているように見えます。

南北方向の移動には、地球の自転による移動速度がかかわってきます（図表28の下2段）。地球の自転による地表面の回転の速さは、緯度によって異なります。赤道は、1周4万75㎞ですから、24時間で割ると、時速1670㎞で東に移動していることになります。東京都区部が位置する北緯35度付近で時速1368㎞、北緯43度の北海道札幌市では時速１２２１㎞という具合に、北に行くほど速度は遅くなる計算になります。

速い速度で移動していることも、東京と札幌で速度が時速１４０㎞も違うことも、地面とともに移動している私たちには意識できませんが、地上のものはすべてその速度で動いているのに、それを静止していると認識しています。

東西の例と同じく、まっすぐ進んで落ちてこないボールをイメージします。今度は南から北の目標物に向かってまっすぐ投げたとします。このボールは北向きの動きしかしていないように見えますが、実際は、ボールのスタート地点の自転速度で東にも移動していいます。ところが、北と南ではその自転の速度が違います。ボールが向かっている北の目標物が東に移動する速度は、スタート地点よりも遅いので、ボールが到達するのは、目標物の東、つまり右側になります。自転を意識していない私たちには、ボールが右に曲がったように見えます。北から南の場合も同様に、東への移動速度の違いで、右に曲がるように見えます。

コリオリの力という用語には「力」がついていますが、このように、あたかも力が働いたかのように見えるだけの、見せかけの力です。

地球上で渦巻きができる理由

ここまで説明すれば、おわかりでしょう。風にもコリオリの力が働きます。高気圧から吹き出した風は、北半球ではコリオリの力によって、右に向きを変えられます。その結果、右回り、時計回りの渦巻き状の風となって吹き出すことになります。

コリオリの力は風速が大きいほど、つまり風が強いほど、強く働く性質があります。風がおだやかな高気圧の中心付近では、風の渦巻きも弱く、高気圧からどんどん周囲に空気が吹き出し、風が渦を巻き始めるのは高気圧の周辺部、天気図では等圧線の間隔が狭《せば》まり始めるところです。このため、高気圧は水平方向に広がり、その範囲はわかりやすいのですが、中心ははっきりしません。

低気圧に吹き込む風も、北半球では右に曲がります。このため、低気圧に吹き込む風は、左回り、反時計回りの渦巻きになります。低気圧の中心に近づくほど風は強くなりますが、風が強くなると、コリオリの力も強くなるので、さらに風は右に曲がり、なかなか中心にたどり着けません。このため、中心付近の気圧が低い状態はなかなか解消されず、低気圧の範囲は曖昧《あいまい》で、中心は非常にはっきりした構造になります。

上空の偏西風も、元は赤道から極域に向かう風がコリオリの力によって向きを変えた結果であり、赤道付近を吹く赤道貿易風も、中緯度から赤道に向かってまっすぐ吹く風が西向きに変化したものです。

「渦流《かりゅう》」とは、流体《りゅうたい》をスムーズに流す、非常に効率の良い方法です。たとえば、ビンの水を排出するのに、ビンを回して渦を作り出してやると早くすみますし、洗面台や浴槽《よくそう》に水を張った状態で栓《せん》を抜くと、自然に渦を巻くのも、そのほうが効率が良いからです。ただ、こうしたスケールの小さい渦は、コリオリの力とは関係ありません。また、竜巻のような局地的で強烈な渦巻きは、強い上昇気流が起こっていることの現われです。

このように、自然界には大小さまざまな渦巻きがあり、大気は攪拌《かくはん》されたり、反対に攪拌されずに滞留したりしているのです。

第3章　実は謎が多い　日本の気象

日本は、四季ではなく二季

日本の天候の特徴と言えば、なんと言っても、四季の変化が明確なことでしょう。四季とは言うまでもなく春夏秋冬のことですが、よくよく考えると、いつからいつまでがどの季節なのかは、はっきりしません。

気象庁の定義では、春は三月から五月、夏は六月から八月、秋は九月から十一月、冬は十二月から翌年の二月となっています。いっぽう、1年を24等分した二十四節気《にじゅうしせっき》など昔の暦《こよみ》では、二月五日頃が立春《りっしゅん》ですから、気象庁の季節区分より1カ月ほど早くなります。立春の頃は、寒さが底を打ち、気温が上昇に向かう時期です。旧暦ではこの頃を正月としたので、今でも正月と春が同義語になっていますが、現在のカレンダーでは春と言うには寒すぎます。

ちなみに、緯度が高いヨーロッパでは、冬は極端に夜が長く、昼が短くなるので、ヨーロッパ人は気温よりも太陽に敏感です。このため、太陽の強さが戻る冬至《とうじ》がめでたい日とされ、新年として祝われるようになりました。これが今の正月であり、キリスト教と結びついてクリスマスになったとも言われています。

このように、季節の移り変わりのタイミングにはさまざまな解釈がありますが、日本は、世界最大の大陸・ユーラシア大陸と、世界でもっとも広大な海洋・太平洋にはさまれた立地のせいで、１年間に気候が劇的に変化します。

冬は、大陸の寒気に覆われて、厳しい寒さになります。日本海側の地方では多くの雪が降り、年によっては、西日本の日本海側や鹿児島県など九州の西岸でも雪が降り、積もることもあります。

日本にいると、冬は雪が降るのがあたりまえのように思えますが、日本の緯度は中東のイラン、アメリカのカリフォルニア州、ヨーロッパの地中海やスペイン、アフリカ大陸のモロッコとほぼ同じです。これだけ低緯度で毎年雪が降り、何ｍも積もるところは他にありません。ヨーロッパ諸国はもっと北にありますが、それでも、山岳部以外ではそれほど多くの雪は降りません。

また、太平洋側の地方ではほとんど雪や雨が降らず、冬になると晴天が続きます。しかし、冷たく乾燥した北風が強く吹いて、身を切るような寒さになります。

いっぽう、夏になると、今度は大変な暑さになります。暑さには２種類あり、カラッと乾燥した砂漠のような暑さもありますが、日本の夏は非常に湿度が高く、蒸し暑くなります。

試しに太平洋側の地方の、夏と冬の空気中に含まれる水蒸気の量を比較してみましょう。冬の気温10℃、湿度25％の時は、1㎥に2・35gの水蒸気が含まれていることになります。夏のもっとも蒸し暑い時期、気温33℃、湿度60％の時には、同じ1㎥の空気に、冬の約10倍の23・2gの水蒸気が含まれています。この水蒸気量の違いは、雨の降り方の違いとなって現われます。

冬はそもそも雲もできにくく、雨が降っても弱かったり、短時間でやんだりすることが多いですが、夏はたちまち雲が発達して、雨の降り方も強く、時には激しい雷雨となることがあります。また、強い雨が何時間も降り続いたり、断続的に何日も雨が続いたりすることもあります。

日本の夏は、気温も雨も亜熱帯に近いと思っていいでしょう。そう考えると、日本海側の冬の雪を除けば、日本の季節は四季ではなく、熱帯のような二季、すなわち冬の乾季《かんき》、夏の雨季《うき》と分けることもできます。河川管理用語に、「出水期《しゅっすいき》」という言葉があります。

これは雪どけが始まる春から、台風シーズンや秋雨の時期が終わる十月頃までの、川が増水する時期を指す言葉で、雨による災害が起こりやすい時期とも重なります。

似《に》て非《ひ》なる、春と秋

この乾季と雨季の間にあるのが、春と秋です。春は、冬の冷たい空気に、だんだん暖かい空気が流れ込むようになる時期で、暖かい空気と冷たい空気がぶつかることで、低気圧が頻繁に発生するようになります。

秋は反対に、暖かい空気に覆われているところに、乾燥した冷たい空気が流れ込むことによって、やはり低気圧が多く発生します。上空の偏西風によって、低気圧は西から東に移動しますが、低気圧の発生タイミングと偏西風の速度によって、3日から4日に1個、1週間に2個程度の低気圧が通過するので、天気は2、3日の周期で変わります。「春に3日の晴れなし」「男心《おとこごころ》と秋の空」などの言葉は、春や秋の天気の変わりやすさを表現したものです。

一見同じように見える春と秋の天気ですが、その変化はけっこう違います。春の低気圧は、南から吹き込む暖かく湿った空気をエネルギー源に発達するので、暖かい南風が強く吹き、降水量も多くなる傾向があります。

いっぽう、秋の低気圧は、大陸からの乾燥した冷たい空気がエネルギー源なので、低気圧による降水量はあまり多くありません。ただ、上空の寒気の影響は受けやすくなるため、寒冷前線が通過する際には、雷雨や突風のおそれが高くなります。風も、南風よりも北風のほうが強くなりがちです。低気圧の通過後は、冷気が入り、気温は低下しますが、天気は回復して晴れてきます。

春は日《ひ》が長く、陽射しも強いので、一度気温が下がっても、晴れればすぐにまた暖かくなってきますが、秋は日も短く、陽射しも弱々しいので、気温はあまり上がらず、朝晩の冷え込みが強くなります。このため、春はひと雨ごとに暖かくなり、秋は反対に雨が降るたびに寒くなってきます。

梅雨《つゆ》以外の梅雨!?

このように日本では、大陸の空気に覆われる冬と海洋の空気に覆われる夏の差が極端で、その中間の移行期間とも言える春と秋も長く、四季がほぼ同じ期間で移り変わるので、季節変化が大変豊かになっています。そして、この季節の移り変わりの時期に決まって現われるのが、停滞前線です。

暖気と寒気がぶつかると低気圧が発生しますが、両者の勢いが拮抗《きっこう》していたり、接している程度だったりすると、激しい混ざり合いが起こらず、その境界線に、帯状に雲が分布する停滞前線が現われます。停滞前線が現われると、曇りや雨などぐずついた天気が、まるで梅雨のように何日も続きます。冬から春に移り変わる時期には、その時期の旬《しゅん》の植物を冠《かん》して「菜種梅雨《なたねづゆ》」「筍 梅雨《たけのこづゆ》」と梅雨になぞらえたり、「卯の花腐し《うのはなくたし》」「木の芽流し《きのめながし》」といった言葉で長雨《ながあめ》を表現したりします。

春と夏の間には、梅雨があります。梅雨前線《ばいう》は、五月上旬には沖縄県付近に現われて次第に北上、六月には九州から東北まで梅雨に入り、沖縄県では六月下旬、その他の地方では七月下旬まで続く、長い雨の時期です。

季節区分では夏に入りますが、実際には梅雨という季節と考えることもできます。梅雨は稲が育つ時期の雨で、農作業と密接にかかわっていたことから関心も高く、気象庁でも梅雨入り、梅雨明けを毎年発表しています。

夏の終わりには秋雨前線が現われ、今度は梅雨前線とは反対に、北のほうから南下してきます。梅雨と異なり、その時期は特定されていませんが、おおむね九月中旬から十月上旬にかけて停滞することが多いようです。秋雨前線は、収穫の時期を目前にして、台風との相乗効果で記録的な大雨や集中豪雨《しゅうちゅうごうう》の原因となることも多く、期間中の降水量よりも、日々の雨量や雨の強さのほうが注目されます。

秋から冬にかけては、乾季中の変化ということもあり、あまりはっきりした前線は現われません。年によっては、「山茶花梅雨《さざんかづゆ》」と呼ばれる短期間の前線の停滞はありますが、毎年現われるとは限りません。

このように見ると、乾季と雨季の二季、春と秋を加えた四季、さらにその中間の、小雨季《しょう》、という具合に、日本の季節はどんどん細分化することができます。月の異名にも、弥生《やよい》、卯月《うづき》、葉月《はづき》のように季節感が盛り込まれていますし、前述の二十四節気、さらに細かい七十二候《しちじゅうにこう》という暦も現代に伝わっています。

毎年天気が安定しているなら、暦だけあれば、天気予報は必要ありませんが、実際の天

図表29 日本の周囲の気団

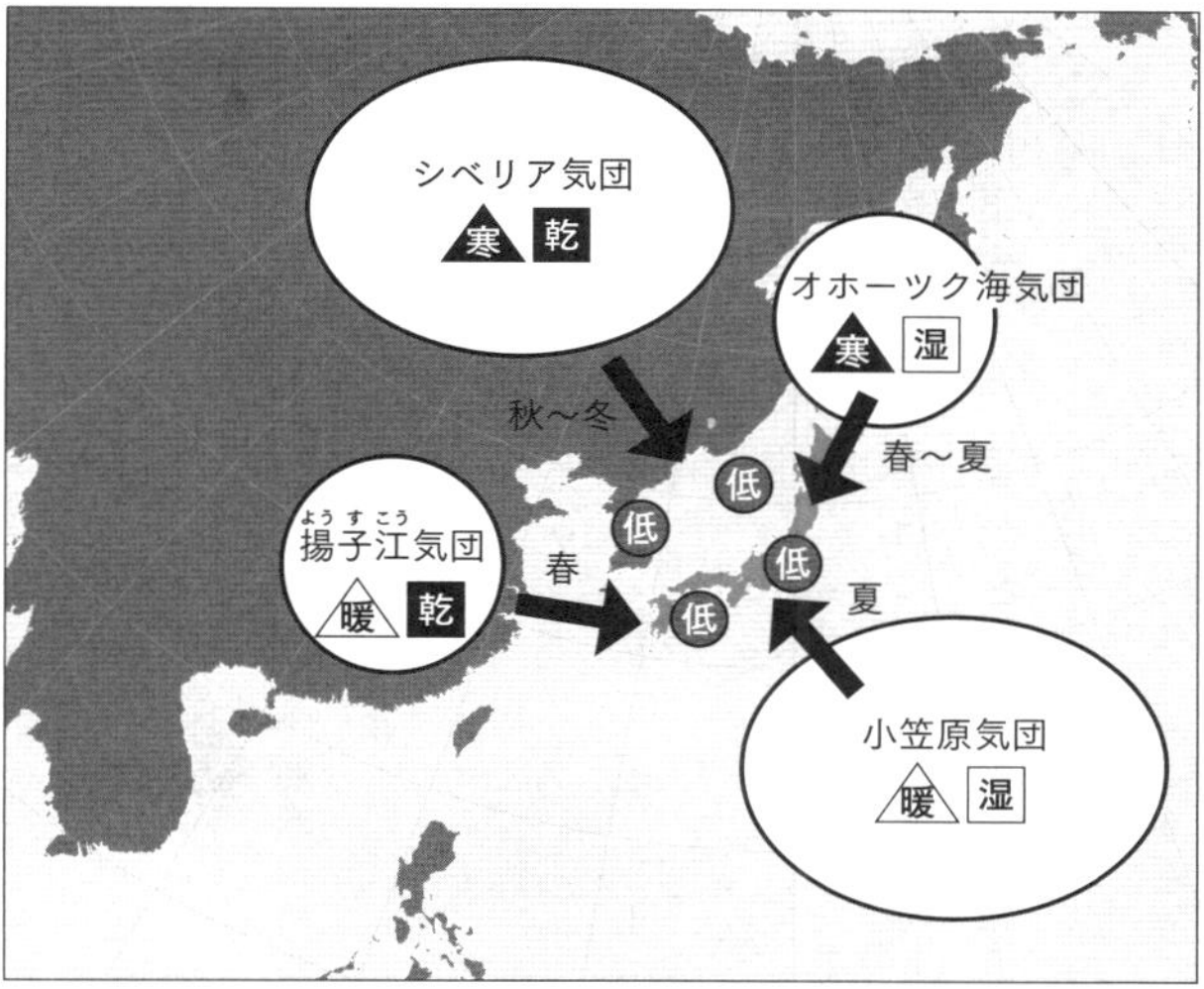

日本列島は四つの気団に囲まれており、季節に応じて支配的な気団が入れ替わる。気団が入れ替わる時は、性質の異なる空気が混ざり合い、低気圧や前線が発達する

候が暦通りにいかないのはご存じの通りです。

日本を取り巻く、四つの気団

コンピュータで天気予報が行なわれるようになってからあまり聞かれなくなった用語に、「気団」があります。これは、同じ性質を持った空気の塊《かたまり》のことで、日本の周囲には「シベリア気団」「オホーツク海気団」「揚子《ようす》江《こう》気団」「小笠原気団」の四つの気団があります（図表29）。

・シベリア気団

シベリア気団は大陸上の寒気の塊《かたまり》で、非常に冷たく、乾燥しているのが特徴です。北半球の寒気は、地上では北極がもっとも強いとは限りません。北極は海なので、氷に覆われていても、その下や周囲には暖かい海水が流れています。シベリアなどの大地は、冬になると猛烈に冷え込み、大陸上には非常に低温の寒気団が形成されます。この寒気団の真《ま》っ只中《ただなか》にあるシベリアの街では、冬にはマイナス50℃を下回ることもあります。

この寒気は冷たく重いため、地面にのしかかり、「シベリア高気圧」となります。そして、大陸からあふれるように、北風とともに日本列島に強い寒気を送り込んできます。

天気予報では「冬将軍」という言葉をよく使いますが、冬将軍とは、十八世紀のバルト帝国、十九世紀のフランス（ナポレオン）、二十世紀のナチス・ドイツと、三度にわたる外国の侵攻を阻《はば》んだ、ヨーロッパ・ロシアの厳しい寒さを擬人化《ぎじんか》したものです。

この冬将軍が唯一負けたのが、十三世紀に侵攻してきたモンゴルの元《げん》。モンゴルは冬になるとシベリアの寒気に覆われますが、元が冬将軍に勝ったということは、シベリアの寒気はヨーロッパ・ロシアを凌《しの》ぐ寒さということになります。冬将軍以上の猛烈な寒波《かんぱ》が、北風とともに来るのですから、日本の冬は寒いわけです。

この寒気は、日本列島に到達する前に日本海を渡ってきますが、日本海には、黒潮《くろしお》（日本海流）から分かれた暖流・対馬《つしま》海流が流れているため、海面水温は比較的高くなっています。この海水は寒気を弱める働きもありますが、それ以上に多くの水蒸気を大気中に供給します。

このため、日本海に寒気が吹き出すと雲が発達、その雲が風に流されて、刷毛《はけ》で描いたような、いくつもの筋《すじ》状の雲となって、日本列島の日本海側にかかってきます。これは発達した積乱雲の筋ですから、その下では雪が激しく降り、日本海側の地方は寒気が強いほど大雪に見舞われます。

ただ、この雲はそれほど背が高い雲ではありません。日本列島を南北に貫く山脈にせき止められ、太平洋側の地方まではなかなか出てこられません。太平洋側の地方には、再び日本海に出る前の乾いた寒風となって、山から吹き降りて太平洋上に吹き出し、暖かい太平洋上の空気との温度差によって、北太平洋で低気圧を猛烈に発達させます。

・揚子江《ようすこう》気団

揚子江気団は、もともとシベリア気団の一部だったものが、春先に中国の南部までやってきて、暖まった空気です。揚子江は長江《ちょうこう》の下流域、河口は上海《シャンハイ》ですから、鹿児島県鹿児島市と同じくらいの緯度です。冷たいシベリア気団の空気も、春の強い陽射しに熱せられた華南《かなん》の大地の上まで南下すると、暖かい空気に変質します。しかし、同じ大陸上にあることは変わりませんから、湿度は低く、乾燥しています。

この揚子江気団は、春の移動性高気圧となって日本列島にやってきます。春から初夏にかけてのおだやかで乾燥した、時に汗ばむような晴天は、移動性高気圧が揚子江気団の空気を運んで来たものです。

・オホーツク海気団

北海道の北に広がるオホーツク海は、冬には流氷《りゅうひょう》に覆われ、夏でも海面水温は10℃程度の冷たい海です。冬は隣のシベリアの大地が猛烈に冷え込み、気圧が高くなりますから、冷たい海とはいえ、オホーツク海は相対的に気圧が低くなります。

　ところが、春から夏にかけて、シベリアの大地が暖かくなると、オホーツク海のほうが冷たくなるため、海上の空気が冷えて重くなり、大きな冷気溜《だ》まりができます。これがオホーツク海気団で、冷たいだけでなく海洋性の湿った空気の塊《かたまり》です。

　オホーツク海気団も冷えて重い空気の塊なので、成長すると地上では「オホーツク海高気圧」として現われてきます。この高気圧は、日本列島に湿った冷たい空気を送り込んできます。風向きが北東なので、北日本の太平洋側や関東地方は直接この空気の影響を被り、気温が上がらず、曇りや雨の天気が続きます。折しも、農作物、特に稲の生育の時期ですから、低温や日照不足になると、農業は大打撃を受けます。このため、この北東風は「やませ」と呼ばれる凶作風《きょうさくふう》として昔から知られていました。

　オホーツク海高気圧ができるかどうかは、上空の偏西風の流路にも左右されるため年《とし》によっても異なりますが、初夏から梅雨の一大関心事です。ちなみに、「やませ」が山を越えて日本海側に吹き降りると、冬とは反対に、日本海側で乾いた東風になります。この風は、船を沖に出すのに好都合なことから、漁民にとっては良風だったそうです。

・小笠原気団

同じ海洋性気団でも、小笠原気団は、高温で湿った空気の塊《かたまり》です。

太平洋の赤道付近では、偏東風《へんとうふう》の影響で、表面の暖かい海水が西に吹き寄せられるため、フィリピン近海がもっとも海面水温が高くなっています。夏になると、この高温の海面水温に対応して、同じ赤道域でも、フィリピン付近で上昇気流が強くなります。この上昇気流が、ハドレー循環（76〜77ページ）によって下降気流となって降りる場所が、ちょうど小笠原諸島近海になるので、この海域は、夏はよく晴れて気温も高く、また強い下降気流によって気圧も高くなります。

巨大な太平洋高気圧のなかでも、特に小笠原近海で気圧が高くなるので、太平洋高気圧のこの部分だけを「小笠原高気圧」と呼ぶこともあります。このため、小笠原近海の海面水温は、冬でも20℃以上、夏になれば30℃近くにもなり、暖かい海から水蒸気がさかんに蒸発して、海上には暖かいうえに、非常に湿った気団ができます。

夏は太平洋高気圧の強まり、張り出しにともない、この小笠原気団の高温多湿な空気が日本列島に流れ込んできます。このため、日本の夏は非常に蒸し暑く、湿った空気が山の斜面を上昇すると、夕立になりますし、たまたま日本付近に低気圧や前線がある時には、雨雲が発達しやすく、非常に激しい雨や雷雨をもたらすことになります。

それでも、雨が降れば暑さは和らぎますが、太平洋高気圧が日本の真上まで張り出すと下降気流が強まり、上昇気流が抑制されて、雨雲ができにくくなるので、ますます暑さが増すことになります。

天気予報がはずれる理由

このように、日本を取り巻く四つの気団で形成された高気圧は、季節ごとに入れ替わり立ち替わり、日本の天候を支配しています。そして、それぞれの気団の間にできるのが、低気圧や前線です。

シベリア気団と揚子江気団はどちらも乾燥した空気ですが、温度は違います。温度が違う二つの気団が接すると、低気圧や前線が発生します。揚子江気団と小笠原気団は温度も湿度も違うため、低気圧が発達したり、前線が形成されたりしますし、そこにオホーツク海気団が加わると、日本列島はすっかり雨雲のなか、にもなりかねません。

また、季節ごとにそれぞれの気団がはっきり支配的になれば、何が起こるかを予期しやすいのですが、冬なのにシベリア気団が発達しなかったり、夏なのに太平洋高気圧が弱い、あるいは、ふだんなら一時的に強まるだけのオホーツク海気団がやけに居座ったりすると、記録的な暖冬や冷夏、日照不足などの異常気象が起こったり、その間で発生する低気圧や前線の勢力が強まって、極端な大雨や暴風が発生してしまうこともあります。

それぞれの気団、高気圧の勢力が、海面水温や偏西風の流れ方、地理的要因など、別々の要因で決まるため、年によって天候が異なります。また、こうした大規模な状況の違いが、日々の天気にどう影響するかの見極めは非常に難しく、コンピュータを駆使しても大きくはずれることもあります。天気予報が当たってほしい極端な天候の年ほど、予想外のことが起こってしまうのです。

梅雨の予報は当たらない!?

天気予報の適中率は、予想が先のものになればなるほど低くなります。たとえば、降水予報は、翌日に関しては適中率83%ですが、7日先になると66%まで下がります。さらに、六月に限ると、50％台まで落ちてしまいます。梅雨の時期はそれほど難しいのです。

夏になる前に曇りや雨の天気が40日ほど続くのが梅雨で、夏の終わりに長雨になるのが秋雨です。どちらも、蒸し暑い夏の空気と、その北にあるすずしく乾燥した春や秋の空気との境界線上にできる停滞前線によって起こる現象です。

梅雨前線は沖縄県付近で出現し、季節の進行とともに北上、北海道付近で消滅します。秋雨前線は、反対に北海道付近で現われて次第に南下、沖縄県付近で消滅します。こう見ると、梅雨と秋雨は、夏をはさんで季節対称な現象のように思えますが、それほど単純ではありません（121ページの図表30）。まずは、梅雨について見てみましょう。

梅雨は、東アジア全体で起こる「アジアモンスーン（季節風）」の一部です。夏が近づくと、中国からシベリアに至る東アジアの大陸は、強い陽射しに照らされて大地が熱せられ、大陸の南のインド洋よりも、相対的に温度が高くなります。この温度差によって、大陸内部で上昇気流が起こり、その上昇気流を補完するように、インド洋や太平洋から大陸に向かって南風が吹き込みます。

これが夏のモンスーンで、アジア各地に湿った空気を送り込むのです。東南アジアやインドには雨季が訪れて、この雨季そのものをモンスーンと言うこともあります。

夏のモンスーンは日本には無関係のように思えますが、インド洋と中国の間にはヒマラヤ山脈やチベット高原のような高山帯《こうざん》があり、この風は山を避けるように東に大回りして、インド洋から東南アジアや南シナ海を通って、中国南部から東シナ海に達します。

いっぽう、北太平洋では、夏が近づくにつれて太平洋高気圧が成長、太平洋の中央部から東アジアに向かって張り出してきます。太平洋高気圧から吹き出す湿った空気の通り道も、次第に西に移動してきて、日本の南《みなみ》海上で蒸し暑い南風が強くなります。このため、東シナ海など沖縄県近海は、インド洋から吹く風と、太平洋から吹く風のどちらも蒸し暑い風の合流地点になります。風が合流すれば上昇気流が起こりますが、その空気が非常に湿っているので、活発な雨雲が発生しやすくなります。

また、この時期、それまで北インドから華南《かなん》を流れていた偏西風の流路が、アジアモンスーンや、太平洋高気圧の強まりに押されるようにして北上し、ヒマラヤ山脈やチベット高原で南北に分流、風下側の東アジアで再び合流するようになります。このため、上空では暖気と寒気がぶつかって、さらに雨雲が発達しやすくなります。

こうして、東アジア一帯でたくさんの雨雲が発生し、偏西風に沿って東西数千キロにおよぶ雲の帯《おび》が停滞するのが梅雨前線です。

図表30 梅雨《つゆ》と秋雨《あきさめ》の違い

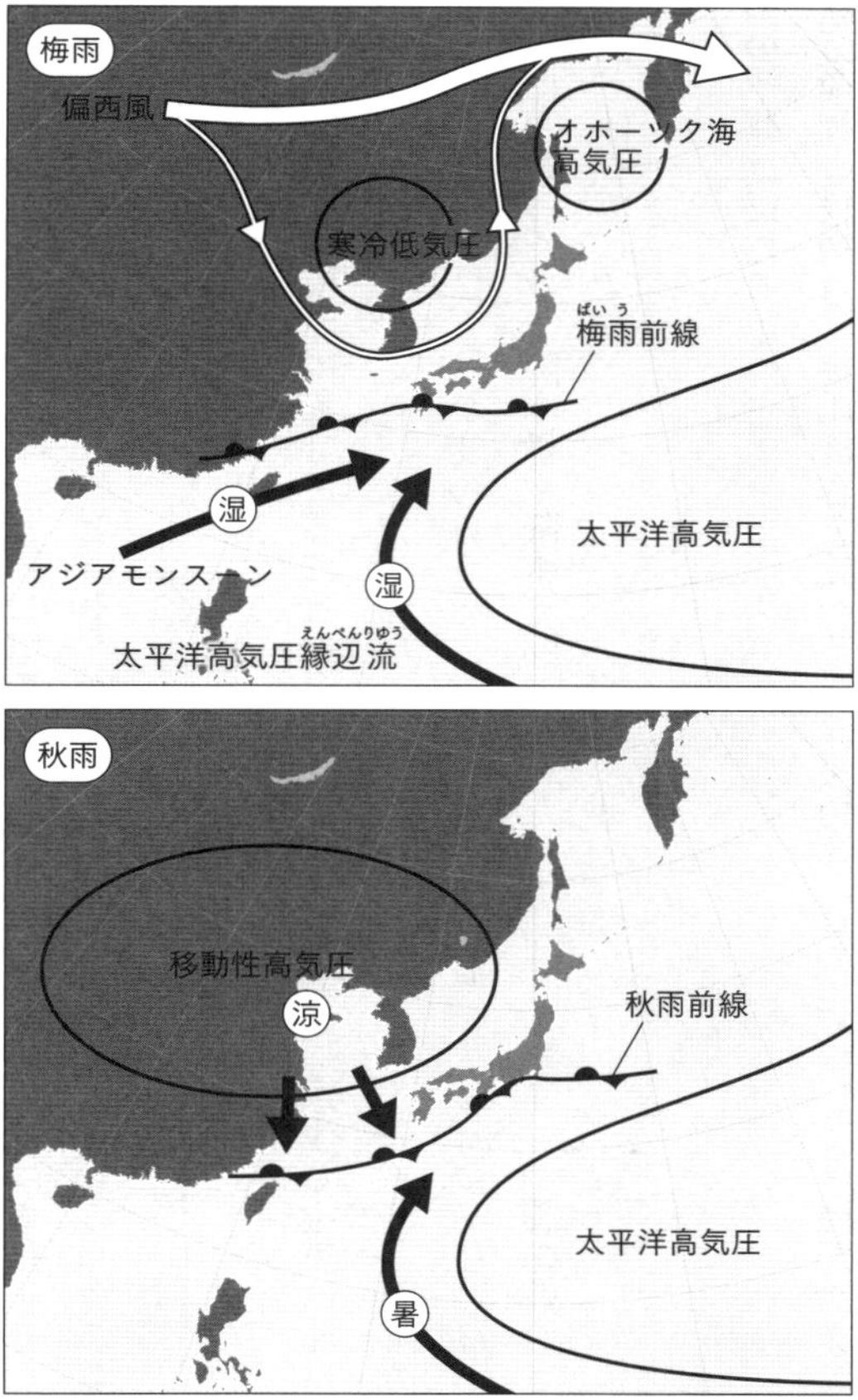

同じ停滞前線でも、梅雨前線(上段)は湿った空気の集中や偏西風の蛇行《だこう》が関連する複雑な構造だが、秋雨前線(下段)は温度差による比較的単純な構造である

停滞といっても、雨雲がずっと同じ場所にとどまっているわけではありません。雲の帯は同じところに横たわって動かないように見えますが、前線を構成する個別の雨雲は、それぞれ偏西風に流されて、西から東へ移動しています。ですから、梅雨前線は「雨雲の帯」と言うよりも「雨雲の通り道」と言ったほうが適しています。

梅雨前線が大規模な現象であるにもかかわらず、前線上を通過する雨雲は非常に小さい雲の集団や小低気圧であり、天気予報はこの小さな雨雲の動きや勢力を予測しなければなりません。小刻《こきざ》みに天気が変わるうえに、梅雨前線の位置や太平洋高気圧の張り出し方がわずかに変わるだけで降水量や降水範囲がまったく違ってきます。予報の難しさがおわかりいただけるでしょう。

秋雨の予報は当たる!

秋雨前線の構造は、梅雨前線と比べると簡単です。秋が近づいて大陸が冷えると、すずしい空気の塊《かたまり》が移動性高気圧となり、大陸から日本列島にやってきます。この移動性高気圧と、夏の蒸し暑い空気を持った太平洋高気圧との間にできるのが、秋雨前線です。

秋雨前線は、前線そのものよりも、移動性高気圧の動きを見ていれば、どこにできるのかをだいたい予想できます。

夏の太平洋高気圧は、日によって日本への張り出し方が多少変化しますが、基本的にはあまり動きません。いっぽう、大陸から来る移動性高気圧は、時速30〜40㎞で移動してきます。移動性高気圧が日本付近に来て、太平洋高気圧との境界がはっきりすると、その境界線に秋雨前線の雲の帯ができます。移動性高気圧が東に抜けたり、空気が暖まり太平洋高気圧とのコントラストがはっきりしなくなったりすると、秋雨前線は消滅します。

このように、移動性高気圧と連動するため、予想は比較的容易で、秋雨の時期でも天気予報の適中率はそれほど低くなりません。

梅雨と秋雨では、降水量の分布も異なります。梅雨は、湿った空気が合流する場所に近い西日本が降水量は多くなり、時々大雨に見舞われますが、秋雨はどこでも降ります。このため、東日本では、梅雨よりも秋雨のほうが降水量が多いところもめずらしくありません。ただし、秋雨の降水量はそれだけを抜き出して判断することはできません。夏から秋は台風シーズンであり、台風の雨も加算されることが多いからです。

秋雨に限らず、梅雨でも言えることですが、台風が南海上《みなみ》にある時には、たとえ台風が離れていても、大雨になるおそれがあります。台風の風は反時計回りに渦を巻いていますが、この渦流は台風の域内《いきない》だけではなく、周辺部にもおよびます。このため、台風の東側では広い範囲で南風が吹き、周辺の暖かくて湿った空気を北のほうに送り込んできます。その先に梅雨前線や秋雨前線があれば、前線に湿った空気がどんどん補給されて、雨雲が次々と発達します。

実際、台風と停滞前線の組み合わせで、深刻な集中豪雨が引き起こされた例は数多く、豪雨災害にもっとも気をつけなければならないパターンのひとつです。

前線が停滞している時の地形の影響も見逃せません。秋雨前線と台風が組み合わさった時や梅雨前線のように、湿った空気が停滞前線に吹き集まるような時は、その湿った風をまともに受け止める山の斜面、あるいは、湿った空気が吹き込む谷筋では、湿った空気が収束して強制的に上昇気流が強まり、単独で大雨をもたらすような、活発な積乱雲が次々と同じ場所を襲うことになります。

梅雨前線も秋雨前線も、南北方向の雲の幅は300kmから500kmですから、わずかに前線が南北に離れれば、梅雨や秋雨の最中でも晴れることもあります。しかし、前線の南北で空気の質が違うのは梅雨も秋雨も同じで、前線が南に離れた時には、乾燥した空気に覆われ、気温は上がっても過ごしやすいことが多いのですが、前線が北に離れた時には、真夏の湿った空気に覆われて、耐え難い暑さになることもあります。

梅雨や秋雨の期間降水量は、太平洋高気圧の強さ、台風の数、寒気の状況によって変わります。集中豪雨も困りますが、秋雨はまだしも、空梅雨《からつゆ》は夏にかけて水不足になり、農作物の生育や夏の市民生活に大きな支障をきたすこともあります。

夏の雷と冬の雷の違い

雷が放電現象であることは、今では誰でも知っていますが、その語源に「神鳴り」という説があるように、昔は原因不明で神秘的なものでした。「稲妻《いなずま》」「稲光《いなびかり》」という言葉は、稲が成長して実る頃、神様が稲にエネルギーを与えるものと考えられていたためです。

確かに、稲作《いなさく》の時期である初夏から秋にかけては雨季でもあり、雷というと夏のイメージがあります。しかし、雷は発達した雲、特に強い上昇気流によってできる、背の高い積乱雲があれば、季節に関係なく、いつでも発生します。

雷が発生するしくみを簡単に説明しましょう。急速に発達する積乱雲のなかで、雲を構成する氷の粒どうしが激しくぶつかり合い、その摩擦によって氷の粒が静電気《せいでんき》を帯びます。この時、比較的軽くて小さい氷の粒はプラス、重くて大きい粒はマイナスの静電気を帯びるので、積乱雲の上部にはプラス、下部にはマイナスの電気がたまります（電子はマイナスからプラスに流れます）。そして、雲の底部のマイナスの静電気に対応して、地面はプラスの静電気を帯びます。このたまった静電気が絶縁《ぜつえん》の限界を超えて放電するのが雷です。

雲の上部と下部の間で起こるのが「雲放電《くもほうでん》」、地面に対して起こるのが「対地《たいち》放電」＝「落雷《らくらい》」です。この放電の際に、空気が急激に高温になり、膨張することによって発せられる光が「電光《でんこう》」、音が「雷鳴《らいめい》」です。

雷を季節別に見ると、夏は強い陽射しで地面が熱せられて、上昇気流が起こります。水蒸気をたっぷり含んだ空気が上昇すると、雲がどんどん上へと成長して積乱雲になります。その高さは10km以上にもなりますが、５０００ｍ以上の上空の気温は真夏でも氷点下

図表31 雷のしくみ

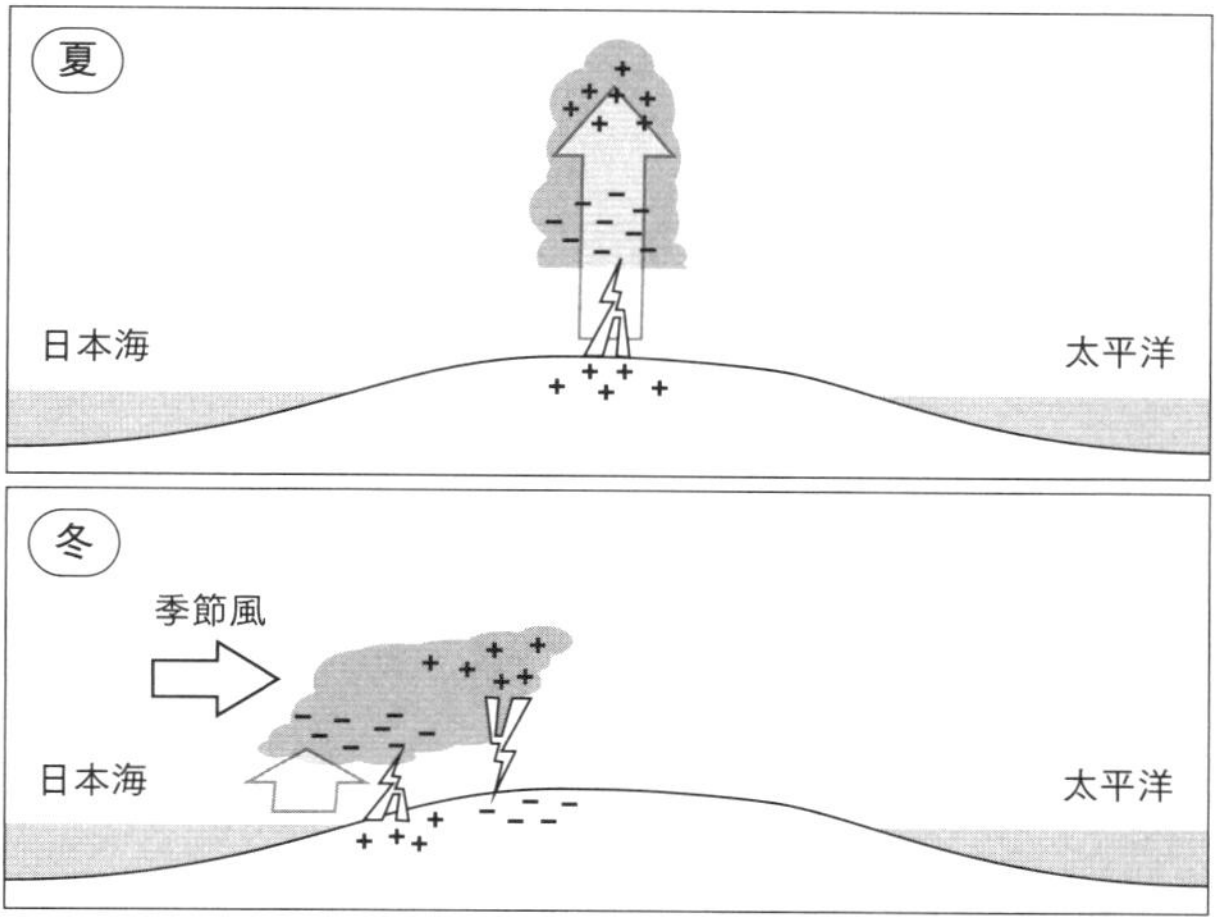

夏の雷（上段）は、内陸部を中心にできる背の高い積乱雲によって発生することが多い。冬の雷（下段）は、日本海でできた背の低い積乱雲が季節風に流されてくるもので、低空から落雷するためエネルギーが大きく、プラス・マイナス逆の、下から上に昇る雷も発生する

なので、積乱雲の上部には氷の粒がたくさん浮いており、雷が発生しやすい状況になっています（図表31の上段）。

夏の積乱雲は、地上の気温が高いことが引《ひ》き金《がね》になっていることが多いため、内陸部や山間部で起こることが多く、全国どこで起こってもおかしくありません。実際、毎日のようにどこかで雷雨が起こっています。

春や秋は、地上の気温は夏ほど高くはなりませんが、上空に寒気が流れ込んできたり、寒冷前線が通過したりするので、やはり積乱雲が発達しやすく、夏よりも激しい雷雨になることもあります。上空に寒気が入った時の雷雨は、明瞭な前線や低気圧も現われず、地上の気温からも予測できないため、予測が非常に難しいパターンです。

冬は、日本海側の地方で雷が多くなります。強い寒気が、大陸から暖かい日本海の上空に流れ込むと、積乱雲が発達します。冬の日本海の積乱雲は夏とは異なり、低空で発生する、背の低いものです（図表31の下段）。それだけ、地面近くに静電気がたまっていることになり、発生場所は海上が多く、数も夏ほど多くありませんが、ひとつの雷のエネルギーは夏の100倍とも言われています。また、夏の雷は気温が上がる午後に多く発生しますが、冬の雷は時刻に関係なく発生します。

日本海側では、初冬の雷を、冬の鰤《ぶり》漁の到来を告げるものとして、「鰤起こし」と呼んでいます。雷が鳴るということは、寒気が流れ込んできた証拠で、いよいよ冬が到来し、寒鰤《かんぶり》が揚《あ》がるようになるからです。激しい雷がひとつだけ鳴り（「一発雷《いっぱつらい》」と言います）、その後、急に静かになったと思ったら、音もなくドカ雪が降りしきることもあります。

誤解されている、雷からの避難法

このように、雷は昔から季節や豊凶の指標とされてきましたが、落雷による火災や人身事故も毎年起こっています。

雷が起こるような積乱雲の大きさは、小さなものでも直径10㎞から20㎞。雷鳴は約15㎞先まで聞こえると言われているので、雷鳴が聞こえた時には、同じ雷雲《かみなりぐも》が真上にあってもおかしくありません。電光が見えなくても、雷鳴が聞こえたら、落雷の危険がありますす。また、真上に雲がなく晴れていても、すぐ近くに積乱雲があれば、落雷のおそれがあるので油断できません。

落雷は、雨とは関係ありません。雨が降り出したので、木の下や東屋《あずまや》で雨宿《あまやど》りをしたら落雷にあった、雨がやんだので外に出たら雷に直撃されたケースもあります。樹木や簡素な建物は雷を引き寄せるうえに、「側撃雷《そくげきらい》」と言って、枝先《えださき》や軒先《のきさき》から再放電することがあるので、落雷のおそれがある時は雨宿り程度ではなく、頑丈《がんじょう》な建物内部に避難し、完全に天気が回復するまで外に出ないことが肝心《かんじん》です。

また、避雷針《ひらいしん》を過信してはいけません。避雷針の効果は、半径30ｍ以内の範囲に限られますから、近くに避雷針が立った建物があったとしても、30ｍ以上離れると効果がないのです。

近くに頑丈な建物がない場合は、自動車内に逃げる手もあります。電流がボディを伝って地面に流れるため、ボディに触れなければ大丈夫と言われています。また、高圧電線の真下も、雷の電流が高圧電線を流れるので、比較的安全と考えられています。あとは、とにかく身を低くして、窪地《くぼち》に隠れるなど、自分が地面の突起物《とっきぶつ》にならないことです。

夏は雷が多く、レジャーシーズンでもありますから、気をつけたいものです。雷は、すこしでも高いところに落ちる傾向があるので、海面や砂浜のような大きな建物もなく平坦《へいたん》な場所では、人間が地面や海面からの突起物になりやすいため、落雷の直撃を受ける危険が高くなります。近くの人に落雷すると、その人から周囲の人が側撃雷を受けることもあり、同時に複数の人が被害に遭《あ》った事例もあります。海のなかや砂浜は逃げるのにも時間がかかりますから、雷が鳴りそうな時には、とにかく早めに安全な場所へ移動するに限ります。

山では、雷が上から落ちるとは限りません、雲がかかるぐらいの高さまで登れば、雷も真横《まよこ》から来たり、斜面を駆《か》け上《のぼ》るように襲ってきたりすることもあります。もちろん、高山《こうざん》では近くに安全な建物もありませんから、窪地や岩陰《いわかげ》に潜むことしかできません。

海、山、街中に限らず、雷はいつどこに落ちるか、正確な予測は不可能です。また、積乱雲は雷だけでなく、激しい雨、竜巻のような突風を引き起こすこともあり、被害に遭わないためには、積乱雲の発生や接近をいち早く察知することが大切です。

その手がかりのひとつが、気象庁が発表する「雷注意報」です。名前は雷注意報ですが、積乱雲注意報と考えてもいいでしょう。これは、上空の寒気、地上の気温・湿度などから、積乱雲が発生しそうな時に、対象地域に発表される注意報です。この段階では、まだ積乱雲が発生していないことも多く、神経質になることはありませんが、いざという時に避難する場所の見当をつけておくと安心です。

実際に積乱雲が近づくと、空が暗くなってきたり、真っ黒な雲が近づいてきたりします。雲が黒いのは、陽射しをさえぎるほど背が高く、雲粒が濃密であることの表われです。まだ雨は降っていなくても、雷鳴が聞こえることもあります。やがて、急にすずしい風が吹いてきたら、それは積乱雲の上から激しい雨に引きずられて吹き降りてきた上空の冷気です。まもなく激しい雷雨になると見てまちがいありません。雹《ひょう》が降ることもあります。

わずかな状況の変化、雲の接近を見逃さないように、常日頃《つねひごろ》空を見上げる癖をつけましょう。

いまだ解明されない台風の謎

台風とは、北西太平洋で発生する熱帯低気圧のうち、最大風速が約17m／s以上のものを言います。ちなみに、最大風速とは風速（日本の場合、10分間平均）の最大値のことで、最大瞬間風速とは瞬間風速（日本の場合、3秒間平均）の最大値のことです。

熱帯低気圧は、暖かい熱帯の海上ならどこでも発生する可能性がありますが、発生場所によって呼び名が違います。北西太平洋では「台風」、北東太平洋や北大西洋では「ハリケーン」、インド洋や南太平洋では「サイクロン」と言い、風速の基準も海域によって違います。

発生数も、海域によって大きく異なります。北大西洋では年間約11・7個、北東太平洋では約15・4個、南太平洋では約13・1個、インド洋では約21・8個、一番多いのが北西太平洋で平年約25・6個ですが、もっとも多かった一九六七年は39個、もっとも少なかった二〇一〇年でも14個の台風が発生しています。

太平洋ではたくさんの台風が発生するため、日本に限らず、北西太平洋沿岸では、昔から台風による甚大な災害を被ってきました。日本では年間約11個の台風が接近、そのうち約3個が上陸しています。

実は、台風の発生機構にはまだ解明されていない部分もあります。しかし、海面水温が26・5℃以上の海域で発生すること、上空の高気圧に覆われていないところで発生すること、上空と海面の温度差が大きいと発生しやすいこと、風が上空まで吹いていて、高度によって風向や風速の差があまりないほうが発生しやすいこと、そしてコリオリの力（96～99ページ）が働かない赤道直下では発生しないこと、などが知られています。

このことから、暖かい海面上で発生した積乱雲が上昇気流をさえぎられたり、乱されたりすることなく、空高くまで発達した上部に、渦巻きの発生を促《うなが》すような角度の違う風の吹き込み、コリオリの力などが関係して、積乱雲が組織的にまとまった熱帯低気圧が発生し、台風にまで発達するものと考えられます。

北西太平洋の赤道海域は、世界でもっとも海面水温が高い海域のひとつで、それだけでも熱帯低気圧が発生・発達しやすい状況です。しかも、この海域で発生した熱帯低気圧や台風はその後、太平洋に面した陸地に向かって進んでいきやすい性質があります。

台風は自力で進むことはできず、ほうっておかれると、わずかに北に移動するだけです。台風を動かしているのは、周囲の風なのです。台風が発生する赤道近くの海域は、ふだん太平洋高気圧から吹き出す偏東風、赤道貿易風が吹いているため、この風に流されて、台風は西へ進みます。台風が南シナ海にあればベトナム、西太平洋ならフィリピンに向かうことになります。そのままベトナムやフィリピンに上陸する場合もありますが、この海域は、太平洋高気圧の西端に当たって吹き出す風が、東風から南東風、南風へと、西へ行くほど時計回りに向きを変えていることが多い場所です。

偏東風に流されてきた台風は、この太平洋高気圧の縁《ふち》の風に乗ると、進路を徐々に北寄りに変えて、北上してきます。あとは、太平洋高気圧の西への張り出し具合で、大きく西に張り出していれば中国大陸に向かい、太平洋高気圧の縁が日本列島に当たっていれば、日本列島を直撃します。

もっとも、そのように一筋縄《ひとすじなわ》ではいかないケースもあります。台風は強い上昇気流をともなっており、発達すると熱帯の暑い空気を上空に持ち上げ、上空ではその空気が周辺に吹き出して、台風の外側に下降するという、ハドレー循環に似た循環を作り出します。そうすると、台風が、すぐ隣にある太平洋高気圧を強めることになります。その結果、太平洋高気圧の縁を進んでいた台風が、太平洋高気圧の張り出しを強めて、台風自身の進路を変えてしまうことも起こります。

また、二つ以上の台風がおおむね１０００km以上接近している時には、「藤原《ふじわら》の効果（提唱者・藤原咲平《さくへい》にちなむ）」と言って、それぞれの風の渦巻きが干渉し合って、片方がもう一方を引き寄せたり、おたがいに離れたり、一方を重心にして回転したり、複雑な動きを見せることがあります。こうなると、進路予想も大変難しくなり、急に予想が変わることもあります。

台風がある程度北上すると、今度は偏西風に流されて、東寄りに進むこともあります。特に、秋になって偏西風が日本の上空を吹くようになると、北寄りから東寄りに進路を変えて、日本列島を縦断するものも出てきます。偏西風は、偏東風や太平洋高気圧から吹き出す風と比べ格段に強いため、台風の進行速度が急激に増します。日本の南《みなみ》海上では時速15㎞から20㎞だったのが、日本付近では時速25㎞から35㎞、偏西風に乗ると時速70㎞から100㎞に達し、突然、嵐に見舞われることになります。

台風一過《いっか》後に気をつけること

台風の被害と言えば、暴風、大雨、高波《たかなみ》はもちろん、気圧の低下と暴風によって海面が上昇し、海水が沿岸に押し寄せる高潮《たかしお》も、深刻な被害をもたらします。どこでどの程度の影響が現われるかは、台風の進路と勢力によって違います。

3時間ごとに発表される気象庁の台風の進路予想は精度が高く、24時間後の台風の中心位置の予報誤差は80㎞を下回っています。台風の予想進路は、その時刻に台風の中心が進むと予想される範囲を円で表現した「予報円」で表わされますが、先へ行くほど誤差が大きくなるため、円の面積は大きくなります。これを、台風の発達と勘違いする人がいますが、そうではありません。

台風の勢力は、台風の強風がおよぶ範囲（風速15m/s以上の強風域）の広さで分けられた「大きさ」と、台風の域内の最大風速でランク分けされた「強さ」の、二つの指標で表わされます（図表32）。

一般的に、台風は中心に近づくほど風が強く、左右対称な構造をしているので、最大風

図表32 台風の勢力の表わし方

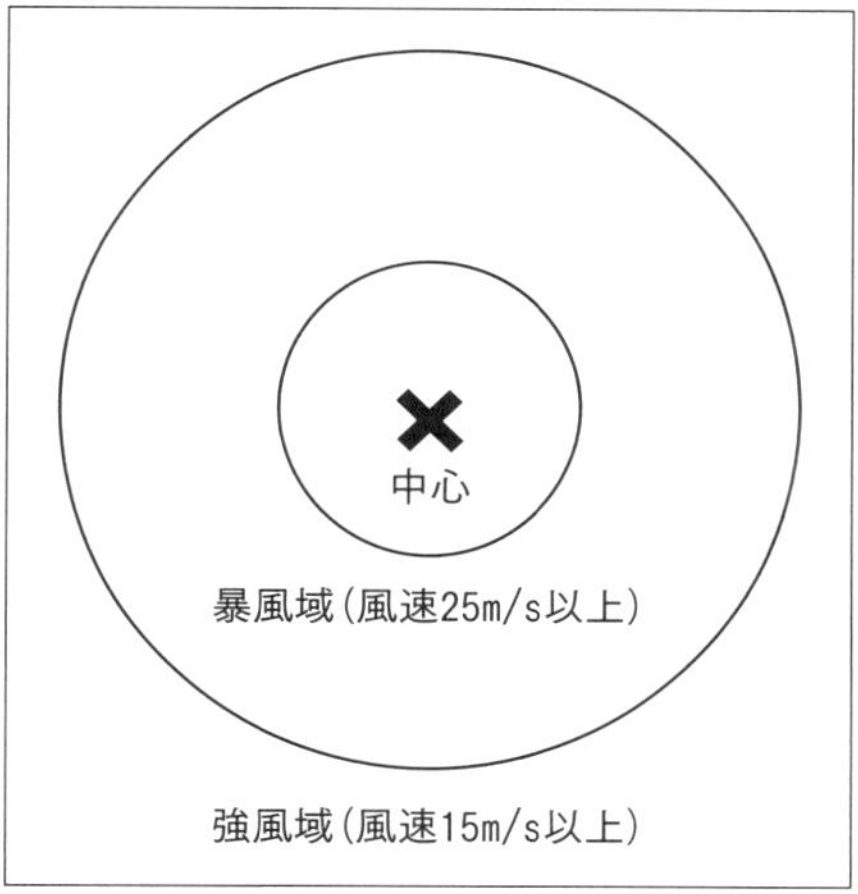

台風の大きさ

階級	強風域の半径
(なし)	500km未満
大型	500km以上800km未満
超大型	800km以上

台風の強さ

階級	中心付近の最大風速
(なし)	33m/s未満
強い	33m/s以上44m/s未満
非常に強い	44m/s以上54m/s未満
猛烈な強さ	54m/s以上

台風の勢力は、風速15m/s以上の強風域の半径で決まる「大きさ」と、最大風速で決まる「強さ」の二つの指標で表わされる

速は中心付近の風速になり、強風域は円形として表現されます。しかし、実際の台風の風は、中心からすこし離れたところに風のピークがあるものや、風速分布が対称構造になっていないものもあります。特に、日本への接近時には、地形や北方の寒気の影響で風の対称構造が崩《くず》れ、局地的な強風や衰弱《すいじやく》するところが出てきますし、雨雲の分布も、熱帯の海上では丸い形をしていたものが、大きく変わります。

台風の中心の東側は湿った南風が吹いているため、雨雲がどんどん広がりますが、西側には北風によって乾燥したすずしい空気が流入するので、中心のすぐ近くなのに、晴れている場合もあります。ですから、台風はその中心の位置だけで、その影響を判断することは避けるべきです。

台風から離れた場所でも、あるいは台風まで発達していない熱帯低気圧があるだけでも、梅雨前線や秋雨前線の時期には、台風や熱帯低気圧が湿った空気を前線に送り込み、前線の雨雲が活発になったり、前線が日本海にあったりする時は、台風から前線に向かって吹き込む湿った風が山にぶつかって上昇し、太平洋側の地方で強い雨が降ることもあります。

台風は、海面水温が低い海域や陸上に進むと、エネルギーの補給を断《た》たれて衰弱します。単純に台風が衰《おとろ》える時は、風速が弱まって熱帯低気圧に変わりますが、風は衰えても、雨雲がすぐ消えてしまうわけではないので、大雨には引き続き警戒が必要です。

台風が北上して、北方の寒気と混ざり始めると、台風の構造は崩れますが、温帯低気圧に変化します。温帯低気圧とは、「温帯」という言葉をつけているだけで、一般に低気圧と呼んでいるものです。大量の湿った空気と大きな渦巻きを持った台風が低気圧に変化すると、いきなり巨大な低気圧が発生して、かえって広範囲に強風をもたらすことがあるので油断できません。

日本の寒気《かんき》の特徴

日本の冬を特徴づけているのは、西高東低の気圧配置です。冬になると、シベリア気団が発達、強い寒気が日本列島に向かって吹き出してきます。寒気の吹き出しが強いかどうかは、上空の偏西風の流れが大きく影響します。偏西風が日本付近で大きく南に蛇行《だこう》して波打つと、日本海や太平洋の暖かい海の上空に、強い寒気が入りやすくなり、海面と上空の温度差が拡大。対流が強まり、水蒸気の補給もさかんになって、雲が発達、低気圧が発生します。

この低気圧が偏西風に流されて、日本の東《ひがし》海上に進みながら急発達して、西高東低の気圧配置になります。地上でも、強い寒気が大陸から低気圧に向かって吹き込み、日本海側の地方は雪、山脈の風下側になる太平洋側は乾燥した晴天になりますが、全国的に寒さが厳しく、北風が吹き荒れます。

上空の偏西風の蛇行が弱まり、寒気が日本列島の東に抜けると、冬型の気圧配置が続いたとしても、北風や雪は弱まってきます。日本の東の低気圧がピークを過ぎるいっぽう、大陸では新たな寒気がたまり始め、次の偏西風の波が来るまで、強い寒気を蓄《たくわ》えることになります。

偏西風の波に合わせて、周期的に寒気が波のように押し寄せるため、「冬は寒波が来る」と表現されますし、寒気を放出するのに3日、その後寒気を蓄積するのに4日ほどかかることから、「三寒四温《さんかんしおん》」とも言います。これは春に誤用されることがありますが、厳しい冬の寒さのなかにも寒暖のリズムがあることを表わした冬の言葉です。

しかし、冬の間ずっと三寒四温の状態が続くわけではありませんし、年によってはさらに小刻《こきざ》みに寒気が来たり、反対に、冬の一時期だけ極端に強い寒気が流れ込んだりすることもあります。

この違いには、偏西風の蛇行が関係しています。冬の偏西風は、北極の寒気を取り巻くように、その縁《ふち》をぐるりと一周吹いています。北極から見ると、偏西風が南を吹いているところでは寒気が南下、偏西風が北を吹いているところでは、反対に南から暖気が入り込みます。北半球の場合、北太平洋や北大西洋などの大きな海洋は暖かく、シベリアや北米のような大陸は冷えやすいため、偏西風も大陸で南に蛇行しやすく、海洋では北を吹く傾向がありますが、この偏西風は低気圧の通り道でもあります。

低気圧が猛烈に発達しながら北太平洋や北大西洋まで進むと、その強大な渦巻きで、海洋上の暖気をさらに北極まで送り込み、寒気を南下させます。この振動が、偏西風を南北に波立たせ、蛇行を大きくしたり、北極に入り込んだ暖気の塊《かたまり》が、玉突《たまつ》き式に北極の反対側で偏西風を南に押し下げたりすることで、北極の寒気はあちらこちらで、常に出たり引っ込んだりを繰り返しています。

あまりに寒気が出っ張りすぎると、その出っ張り部分がちぎれてしまうことがあります。これによって、偏西風も、寒気本体の周囲を巡るものとは別に、ちぎれた寒気の周囲をぐるぐる廻るだけの流れが生じます（図表33）。このちぎれた寒気の塊は「寒冷渦《かんれいうず》」と言い、寒気本体の流れから切り離されているために移動が遅く、強い寒気が何日も同じ場所にとどまります。こうなると、極端な豪雪や寒さに見舞われることにもなりかねません。

春になると、偏西風の通り道は次第に北上、シベリア高気圧も衰えてきます。西高東低の冬型の気圧配置も、長続きしません。相変わらず偏西風が大きく蛇行することはあっても、たびたび寒気が流れ込むこともなくなります。しかし、寒気そのものがすっかりなくなるわけではありません。一時的とはいえ、冬型の気圧配置になれば、真冬ほどではないものの、冷たい北風が吹いてきて、日本海側では雨や雪になることもあります。

局地風《きょくちふう》の脅威

二〇一六年十二月二十二日、新潟県糸魚川《いといがわ》市で大規模な火災が発生しました。当日は南風が非常に強く、最大瞬間風速24・2m／sが観測されました。この風が火災の拡大の一因と考えられますが、糸魚川市のすぐ東隣の能生《のう》町では、最大瞬間風速12・7m／s、風向きは西風でした。この日は、日本海に発達中の低気圧があり、太平洋側から日本海に向かって、強い南風が吹きやすい状況でした。それでも、糸魚川市だけで南風の強風になったのは、風上にあたる南側の地形の違いによるものです。

図表33「寒冷渦《かんれいうず》」のしくみ

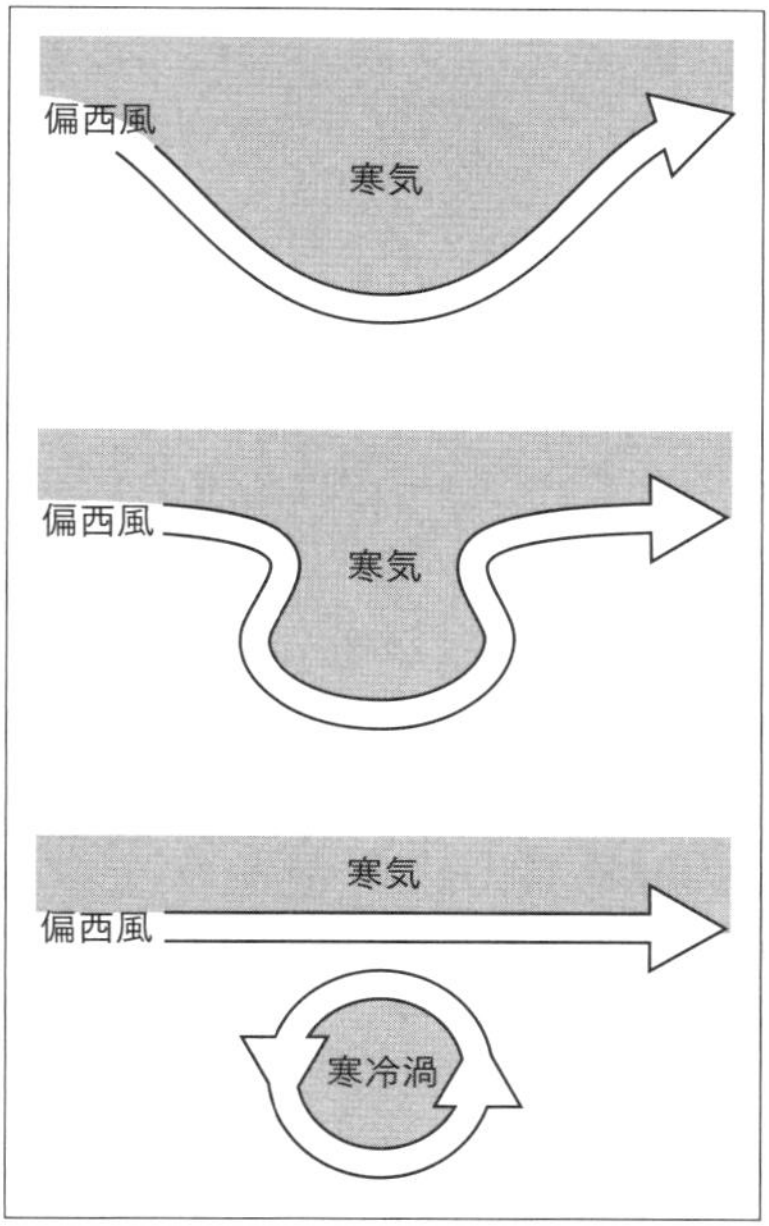

偏西風は寒気を取り巻くように吹くが、偏西風の蛇行が極端に大きくなると、寒気がちぎれて、同じ場所でぐるぐる回るだけの寒冷渦ができる

糸魚川市街は、姫《ひめ》川が南から日本海に注ぎ込む場所に開けています。姫川上流の峡谷《きょうこく》から河口にかけての川筋が南風の通り道になり、周囲の山に阻《はば》まれた風も一緒に吹き降りてきたと考えられます。水が出ているホースの先をつまむと、水の勢いが増すのと同様、峡谷が風の通り道を狭《せば》めて風速が増加、糸魚川の市街地に勢いよく吹き出したわけです。

能生町にも能《の》生《う》川が流れていますが、この川は内陸で東から西に流れているため、南風の通り道にはならなかったのでしょう。ちょっとした地形の違いが、風の吹き方に大きく影響したのです。

風は、海と陸の温度差でも吹きます。晴れて日があたると、地面は暖まりやすく、陸上の気温はすぐに上がりますが、海はなかなか暖まらないので、海上の空気は相対的に冷たいままです。このため、陸上の空気は海上の空気より軽くなり、陸上で上昇気流が発生して海風《うみかぜ》が吹き込む、という循環が起こります（図表34の左）。

反対に、夜は陸上の空気のほうが冷えて重くなるので、陸上の空気が海に向かって流れ出し、陸風《りくかぜ》になります（図表34の右）。この風の入れ替わりを「海陸風《かいりくふう》」と言います。この海陸風によって、海沿いでは夏の日中は海風が吹き、気温はそれほど上がりません。

図表34 「海陸風《かいりくふう》」のしくみ

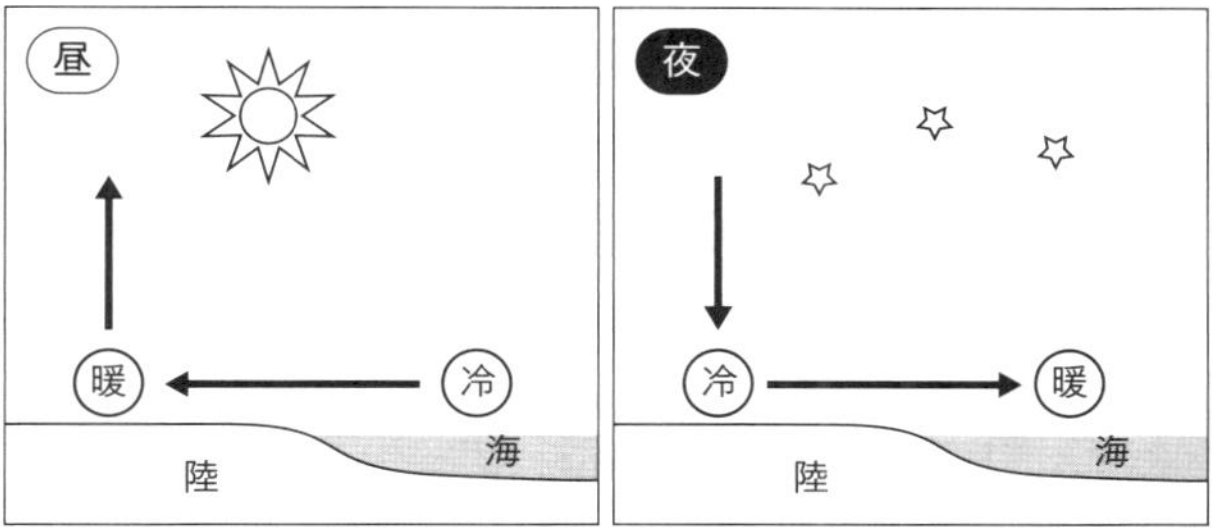

晴れた日の昼は、陸地が暖まるため、上昇気流が起こって海風が吹き込む(左)。夜は反対に、陸地が冷えるので陸風になる(右)

海陸風は、基本的に沿岸から5㎞ほどの範囲で起こりますが、平野部ではさらに内陸までおよびます。ですから、東京都心や大阪市などの大都市を沿岸部に持つ、海沿いに広がった平野部では、都市の熱が海風によって内陸まで運ばれ、海から離れた郊外で猛暑になります。

また山間部では、昼間は岩肌がむき出しの山頂が暖まって上昇気流が起こり、夜になると今度は山頂付近の空気が冷えて、山を流れ下ります。この影響で、「山谷風《やまたにかぜ》」という昼と夜で風向きが逆転する現象が起こります。特に盆地では、夜間に周囲の山から冷気が吹き降りてきてたまるため、冷え込みが強くなり、空気中の水蒸気が凝結すると、濃霧《のうむ》になります。この霧を山の上から見れば、「雲海《うんかい》」となります。

このように、主に地形の影響によって吹く風が、「季節風」と「局地風」です。

アジアモンスーンは季節風の代表的なもので、夏は大陸の大地が暖まって上昇気流が起こりやすくなるため、インド洋や太平洋から大陸に向かって海風が吹き込みます。しかし、インドの北にはヒマラヤ山脈やチベット高原があるので、海風は山脈を避けて、東南アジアから中国の華南や東シナ海を通って大陸に向かいます。そして、冬は大陸が冷えて、夏とは反対のルートで東アジアから太平洋、あるいは東南アジア方向に冷たい風が吹きます。温度の逆転によって吹く大規模な海陸風・アジアモンスーンによって、日本では、夏は南風、冬は北風という季節風パターンになるのです。

風の〝新種〟を見つけよう

いっぽう、糸魚川の強風のように、ある条件になると特定の場所で吹く風が局地風です。糸魚川の風は、姫川から吹き出すため、地元では「姫川だし」と呼ばれていますが、全国津々浦々、さまざまな風の名称があります。

山形県の庄内《しょうない》平野の最奥部・清川《きよかわ》付近で吹く「清川だし」は、山から平野部に吹き出

図表35 「局地風《きょくちふう》」のしくみ

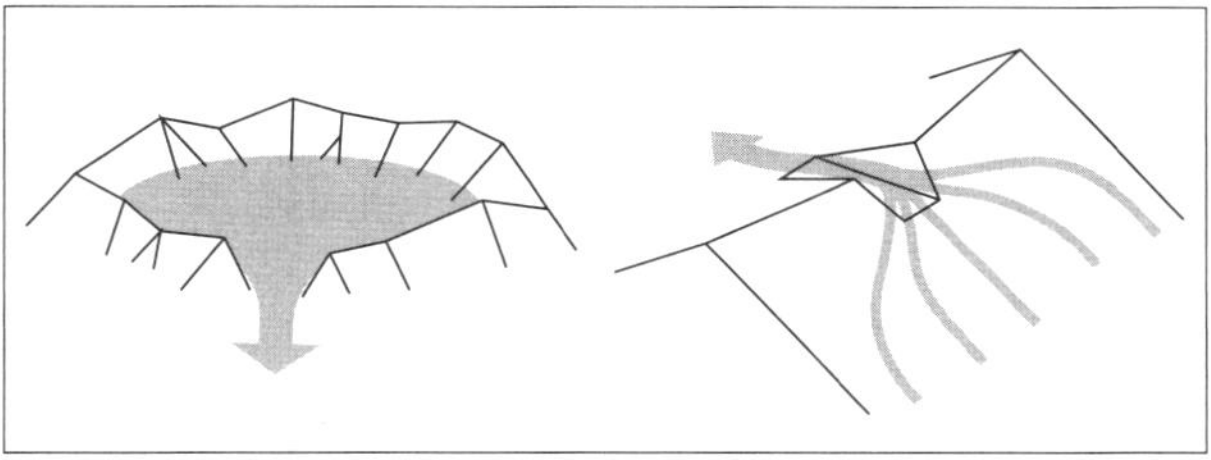

盆地にたまった空気が、狭い風の通り道から吹き出すパターン(左)と、山越えの風が、山脈の比較的低いところから集中して吹き降りるパターン(右)などがある

す強風です。日本海に低気圧、太平洋に高気圧がある時は南東風が吹きますが、この風が奥羽《おうう》山脈を吹き越えて、新庄《しんじょう》盆地に空気がたまり、その空気が出羽《でわ》山地の狭隘《きょうあい》部である清川から一気に吹き出すために強風となります。

空気がたまりやすい盆地と狭い空気の出口という組み合わせは、風の出口で強風になりやすいパターンです(図表35の左)。他にも、熊本県の阿蘇《あそ》山のカルデラにたまった空気が外輪山《がいりんざん》の切れ目から吹き出す「まつぼり風」、初冬に愛媛県の大洲《おおず》盆地にたまった冷気が霧とともに肱《ひじ》川を流れ下って瀬戸内海に至る「肱川あらし」も、同様です。

山脈によってせき止められて、風上側に蓄積された空気が、稜線《りょうせん》の低いところを越えて、風下側の斜面を一気に吹き降りる強風のパターンもあります（図表35の右）。愛媛県四国中央市《しこくちゅうおう》や新居浜市《にいはま》付近で吹く「やまじ風」は、南風が四国山地を吹き越える時に、複雑な山脈地形のなかで比較的標高が低いところから集中して吹き降りる強風です。

岡山県の津山《つやま》盆地にある奈義《なぎ》町付近では、台風が南を通過した時などに、もともと強い風が鳥取県側から峡谷を通ってさらに強化されて盆地に吹き降りる「広戸風《ひろとかぜ》」が吹きます。内陸部は通常、風が弱いものですが、この風は過去に風速60m／sが観測されたこともあります。気圧配置と地形のマッチング次第では、このように極端な暴風になることもあります。

季節風が、地形の影響で向きを変えることもあります。冬の季節風は主に北西が多いのですが、この風が日本海から滋賀県、岐阜県を吹き抜けて、愛知県に出ると、その先は遠州灘《えんしゅうなだ》に沿って吹く西風になります。海沿いを吹く風なので、湿っていそうなものですが、実際は大陸から吹き出した乾いた風で、日本海で吸収した水蒸気を山間部で絞《しぼ》り落としているため、非常に冷たくて乾いた風、「遠州《えんしゅう》の空《から》っ風《かぜ》」となります。

この風が、駿河《するが》湾から伊豆《いず》半島を吹き越えて相模《さがみ》湾に出ると、西風から徐々に南西風に変わります。南西風なので暖かいように思えますが、非常に冷たく、湘南《しょうなん》地方では「大《おお》西《にし》（風《かぜ》）」と呼ばれています。この風と、関東地方の内陸部から吹く「上州《じょうしゅう》の空っ風」がぶつかると、冬型の気圧配置なら晴れるはずの関東南部で、雲が発達して雨や雪が降ることもあります。

局地風は、日本だけでなく海外にもあります。フェーン現象の語源となった「フェーン」はヨーロッパのアルプス山脈を吹き越える風の名前ですし、アメリカのロッキー山脈を吹き越える風は「シヌック」と呼ばれています。これらは、山の風上側で水蒸気を全部雲に変え、風下側には乾燥かつ水蒸気の凝結熱が加わった熱風となって吹き降りるため、アルプス山脈やロッキー山脈では雪解《ゆきど》けが一気に進みます。

山脈の風上側にせき止められていた冷気が風下側にあふれ出すパターンは、東ヨーロッパ内陸部からアドリア海にあふれ出す「ボラ（90ページ）」が有名です。冬に関東地方などで吹く季節風は、「フェーン」の性質も持ちながら「ボラ」の要素もあり、同じ山越えの風でも、風下の群馬県前橋《まえばし》市では、風上の新潟県新潟市よりも３℃ほど高い程度で、それほど気温が高くなるわけではありません。乾燥しているぶん、かえって体感温度は低いぐらいです。

局地風は、山が多く複雑な地形の日本では数え切れないほど存在しています。よく観察していれば、身近にも、地域の気候を特徴づける、未知の局地風を見つけることができるかもしれません。

第4章　ここまでわかった！ 異常気象

降水量が多くても、災害にならない⁉

梅雨、秋雨、台風など、日本の初夏から初秋にかけては、大雨による災害が起こりやすい時期です。そもそも、この時期の雨は気温が高く、水蒸気を多く含む空気のせいで、雨雲が発達しやすく、降れば強い雨になり、雨量も多くなります。時には、その強い雨が何時間も、あるいは断続的に何日も同じ場所で降り続き、集中豪雨となることもあります。

大雨とは「災害が発生するおそれがある雨」と定義されていますが、ふだんから雨が多いところと少ないところでは地形も違いますし、住民や自治体の雨への慣れや経験値も違いますから、どれくらい雨が降れば災害が起こるのかは地域によって異なります。

日本の年間降水量は全国平均で約1700㎜。しかし地域差が大きく、雨が多い鹿児島県の屋久《やく》島や宮崎県えびの市では年間4000㎜を超えますが、北海道のオホーツク海側では雪を合計しても700㎜あまりしか降りません。

24時間雨量が年間降水量の10%を超えると災害が発生しやすいと言われており、全国平均では150~200㎜、雨が少ない地方では100㎜に満たなくても大雨ということになります。同じ降水量でも、災害になるところとならないところがあるのです。

ちなみに、雨量の単位の㎜は、降った雨の１粒１粒が地面に浸《し》み込まず、どこにも流れず、その場でたまった時の深さを表わしています。ですから、丸でも四角でも、口《くち》と底《そこ》が同じ形状のまっすぐな筒があれば、降水量を測《はか》ることができます。この時、筒の体積は関係ありません。大きな筒ならば雨滴《うてき》をキャッチする範囲が広いですが、底の面積も広いので、雨がたまる深さは細い筒と変わらないのです。

水たまりができて足元がぬれる程度の、普通のザーザー降りの雨は１時間に約10㎜。そのような雨でも、半日降り続けば１２０㎜、１日続けば２４０㎜の大雨になりますが、実際はそこまで降り続くことは稀《まれ》です。

その理由を説明しましょう。低気圧や台風は活発な雨雲を持っていますが、現象そのものが刻々と移動します。停滞前線がかかっている時も、個別の雨雲は発生場所がまちまちで、前線上をどんどん移動しますから、本当に強い雨が降るのはせいぜい2、３時間で、その後しばらく雨が弱くなったり、降り始めてから半日程度でやんだりするケースがほとんどなのです。ところが、たまに1時間に50㎜以上の非常に激しい雨が5～6時間降り続き、あっというまに降水量が３００㎜を超えたり、１時間に10㎜程度の雨なのに、それが丸3日間も降り続いて、総雨量が600㎜を超えたりすることもあります。

このような現象はたいてい限られた範囲で起こる大雨で、すこし離れたところではそれほど降っていないことが多いです。これは、雨雲が発達して、強い雨が降りやすい状況に加えて、雨雲の発生場所や通り道が特定の場所に集中しているためで、文字通り集中豪雨となるパターンです。

集中豪雨のしくみ

こうした状況が起こる原因は、二通り考えられます。

ひとつは、地形の影響です。日本は山が多く、山奥に切り込んだ谷もたくさんあります。その谷の入口から湿った空気が入り込むと、奥に向かうにつれて幅は狭《せば》まり、最後は突き当たりになるため、上昇気流が強化されて雨雲が発達します。しかも、あとからどんどん湿った空気が流れ込んでくれば、活発な雨雲が谷に沿って次々と奥に進み、谷奥で集中豪雨となるのです。

低気圧、台風、梅雨前線などがあると、直下の大雨ばかりを気にしがちです。しかし、たとえば台風が西に逸《そ》れたから安心と思ったら大きなまちがいで、台風の東側の南風に運ばれてきた湿った空気が、南向きの斜面を滑昇《かっしょう》するだけでも大雨になりますし、南に口を広げた谷に入り込めば、想定外の豪雨になることもあり、油断はできません。

もうひとつは、風どうしの衝突によるものです。梅雨前線や太平洋高気圧のように、停滞性が強い現象は、その周辺の風の流れも固定化します。たとえば、日本付近に停滞している梅雨前線に向かって、東シナ海から湿った南西風が吹き込んでいる時、同時に太平洋高気圧が日本の南《みなみ》海上に張り出すと、太平洋高気圧から時計回りに吹き出す南風が、東シナ海からの南西風とぶつかります。

すると、その合流地点で上昇気流が強まって雨雲が発達、上空の風に流されながら、強い雨を降らせます。梅雨前線も太平洋高気圧もほとんど動きませんから、風がぶつかる場所もあまり変わらず、次々と雨雲が発達しては同じ場所に流れるので、その通り道に当たる場所では、激しい雨が降り続くことになります。

台風が離れたところにある場合も油断できません。台風が作る大きな渦流は、台風の中心から１０００㎞以上離れた場所にもおよびます。台風周辺の風は強い風ではありませんが、台風から離れているだけに、台風が少々移動しても、変わらずに吹き続け、他の高気圧、前線、台風などの風とぶつかれば、やはり同じ地点で次々と活発な雨雲を発生させることになります。

風の衝突と地形の影響の両方が同時に起こることもめずらしくありません。洋上で風がぶつかって雨雲が同じ場所で発達しては流れてきて、その行き着く先が、山にはさまれた谷状の地形になっていれば、猛烈な雨が何時間も降り続きます。

「線状《せんじょう》降水帯《こうすいたい》」を読み解く

このような局地的に激しく降る雨の様子を知るには、気象レーダーが有効です。気象レーダーは、雨粒に反射して戻るレーダー波によって降雨強度を測るもので、観測間隔も短く、刻々と変化する雨の状況の把握や竜巻発生の可能性の検知に有効です。気象レーダーで見ると、集中豪雨を引き起こすような雨の範囲は、たいてい雨雲の発生地点から一方向に細長く伸びた形をしています。「レインバンド」「線状降水帯」などと呼ばれるパターンです（図表36）。

図表36 観測された「線状降水帯《せんじょうこうすいたい》」

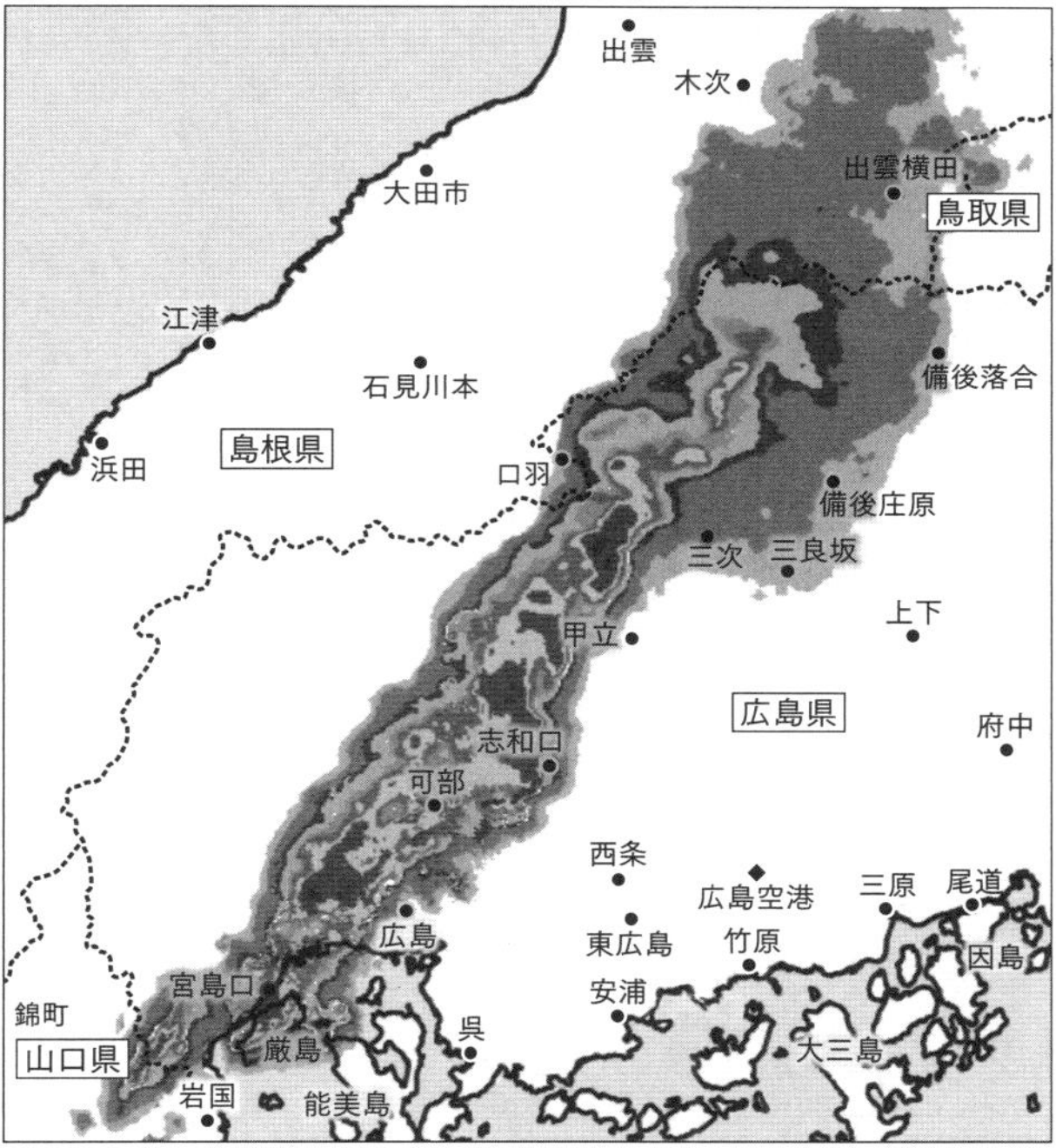

2014年８月20日、広島県広島市郊外で深刻な土砂災害を引き起こした集中豪雨の際に観測

ポイントは、線状降水帯の移動方向です。線状降水帯が幅の狭い方向（図表36では横）に移動している時は、激しい雨が降ったとしても、線の太さしか続きませんから、短時間ですみます。熱帯のスコールのようなパターンなので、「スコールライン型線状降水帯」と言います。

線状降水帯が動かない、あるいは幅の広い方向（図表36では縦）に移動している場合は、いっぽうの端が雨雲の発生地点で、その雨雲が線状降水帯に沿って移動している状態が考えられます。雨雲の進行方向の最後尾で雨雲が次々とできることから、「バックビルディング型線状降水帯」と呼ばれ、この下では集中豪雨のおそれがありますが、すこし離れた場所ではまったく降っていない、ということもあります。

線状降水帯に、横から水蒸気が補給されて、ますます雨が激しくなるパターンが「バックアンドサイドビルディング型線状降水帯」です。雨雲が風下に進みながら、さらに発達することがあります。

集中豪雨は夜間に激しくなる傾向があります。夜になると、気温が下がって水蒸気が凝結しやすくなり、また雲の上端が冷えて地上との温度差が拡大するため、対流が激しくなって雨雲が発達しやすくなります。昼間、小康《しょうこう》状態になっても、状況が終息してきたのか、夜になって激しく降るのか、その見極めが非常に難しい現象です。

「スーパータイフーン」の脅威

海外のハリケーンやサイクロンの被害がニュースになることがあります。壊滅的な被害映像とともに、最大風速60m/s、70m/sという数字が並び、日本の台風と比べると、はるかに強いものに思われるかもしれませんが、この数字には、実はからくりがあります。

風速とは、瞬間的に変化する風の速度を一定の時間、観測して平均したものですが、海外では1分間の平均風速が使われているのに対して、日本では10分間の平均風速で表現されています。同じ10分間の風速でも、1分ごとに平均された10通りの風速のなかで最大のものと、10分間すべてを平均したものでは、当然10分間のほうが値は低くなります。このため、海外の風速表示は日本のものよりも大きな値になります。

海外の風速表示を日本の基準に換算すると、75～80%になりますから、海外のニュースで最大風速60m/sと言っているのは実は45m/sほど、70m/sは約55m/sです。それでも十分危険な強さですから、日本と比べてハリケーンやサイクロンの数が少なく、インフラも整《ととの》っていない国や地域では、大変な被害が発生します。

海外の風速表示で、最大風速70m/s以上の台風は、「スーパータイフーン」と呼ばれますが、この風速を日本の風速表示に換算すると、最大風速が約55m/sですから、日本の台風の強さの階級（137ページ）では、猛烈な強さということになります。

猛烈な強さまで発達する台風は、平均すると年間2個ほど。フィリピン近海など、はるか南《みなみ》海上では猛烈な強さでも、北上するにつれて衰え、日本に接近する頃には、それほど強くないことが多いですが、二〇一三年以降、毎年4～5個の台風が猛烈な強さまで発達しており、ここ数年は明らかに多くなっています。

これまでも、ある年だけ多かったことはありましたが、何年も連続して多いのは40年間ではじめてです。しかも、日本列島に近づいても衰えない傾向もあり、注意が必要です。

なぜ、台風が増えているのか

二〇一五年の台風15号は、沖縄県の石垣《いしがき》島で最大風速47・9m/s、最大瞬間風速71・

0m／sの暴風を吹かせました。この台風は、フィリピンの北の海上から北上する時は一度衰えて、中心気圧955㍱、最大風速40m／sになりましたが、先島《さきしま》諸島近海に接近しながら再発達、中心気圧は930㍱まで下がり、最大風速50m／sの非常に強い勢力になりました。その結果、猛烈な強さではありませんでしたが、石垣島における最大瞬間風速の新記録が計測されました。その後、非常に強い勢力のまま、九州に上陸しました。

同年の台風21号は猛烈な強さ、まさにスーパータイフーンでした。中心気圧925㍱、最大風速55m／sという勢力で、台風の中心がすぐ近くを通過した与那国《よなぐに》島では、最大風速は54・6m／s、最大瞬間風速は富士山《ふじさん》を含む観測史上4位となる81・1m／sを記録しました。台風に慣れている先島諸島でも、ここまで強烈な台風では、大きな被害を免《まぬか》れることはできませんでした。

二〇一六年の台風18号は、同じく沖縄県の久米《くめ》島に猛烈な強さで接近しました。中心気圧は905㍱という記録的に低い値で、最大風速は60m／s、最大瞬間風速は85m／s、日本の近海ではめったにない勢力です。

ちなみに、この気圧や風速は直接、観測したものではありません。気象衛星画像で見た雲の分布パターンや移動の様子を、過去の膨大な気象衛星画像から得られる情報と照合して推定したものです。この台風が久米島に向かって直進するということで、前年の与那国島以上の暴風が心配されました。しかし、台風が久米島のすぐ西を通過したにもかかわらず、最大風速39・6m／s、最大瞬間風速56・8m／sと、暴風は吹いたものの、推定された風速にはおよびませんでした。

これは、台風の勢力の判断を誤ったわけではありません。台風は中心に近いほど風が強いものですが、外側から中心に向かって一定の割合で強くなるわけではありません。もちろん眼のなかは風が弱いですが、なかには、中心がかなり近づくまで風が弱い、中心付近だけ暴風が吹き荒れているものもありますし、反対に、中心よりも周辺部で風が強いケースもあります。

また、風の強さは必ずしも左右対称とは限りません。実際、石垣島と与那国島で記録的な暴風が吹いた二〇一五年の台風15号は、台風の眼のすぐ外側の活発な雲のなかでも、ひときわ発達した雲が真上にありました（図表37）。いっぽう、二〇一六年の台風18号の場合、もっとも強い雨雲は、久米島の上になく、海上にありました。同じ台風の中心でも、

図表37 観測された、台風の中心部

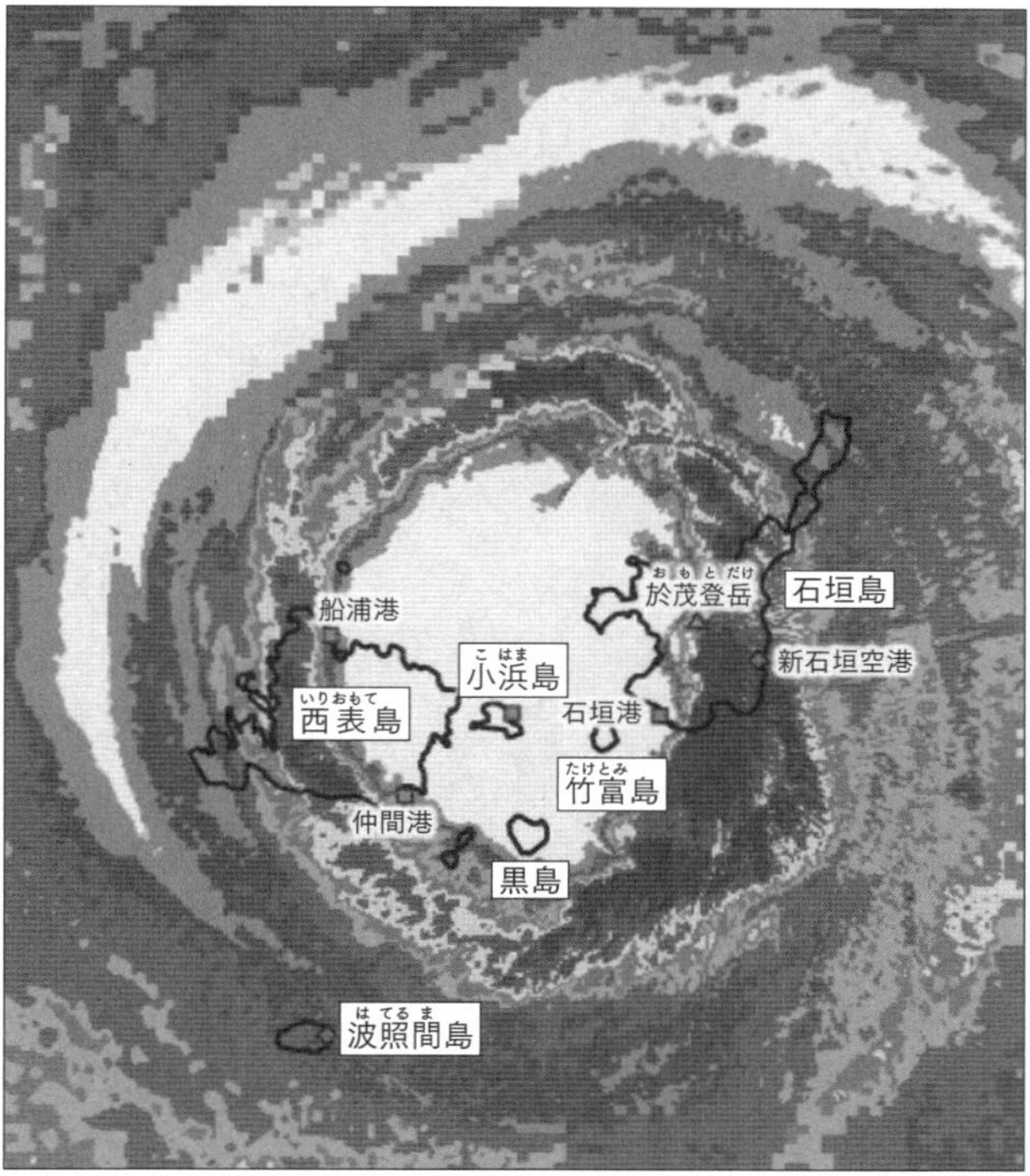

2015年８月23日、沖縄県の八重山《やえやま》諸島を直撃した台風15号。中心の東側の活発な積乱雲の下で71.0m/sの最大瞬間風速（石垣《いしがき》島の最高記録）が観測

活発な雨雲がかかるかどうかで風にも強弱が現われます。久米島のケースでも、もし一番強い雨雲が海上ではなく、島の真上だったら、与那国島を上回る、記録的な暴風になっていたかもしれません。

いずれにせよ、ここまで台風が発達する、あるいは衰えずに来る原因は、海面水温が高くなっていることが考えられます。台風は、暖かい海面から蒸発する水蒸気をエネルギー源に発達します。海面水温は季節によっても大きく変動しますが、年によっても温度分布が違います。また、年々海面水温が高くなっているというデータもあり、将来的には猛烈な強さの台風がさらに増加して、これまでよりも強い勢力で北上して日本列島に接近、上陸することも考えられます。

今のところ、日本でスーパータイフーンが襲来しているのは沖縄県に限られますが、いずれ、本州や四国、九州に襲いかかる日が来るかもしれません。そうなれば、現在の防災設備、インフラ、情報網や防災組織で十分なのかどうか不安があります。二〇一六年には台風に慣れていない北日本に多くの台風が襲来、甚大な被害が出ました。

ハリケーンやサイクロンが台風よりも強いわけではありませんが、その襲来に慣れていない地域や、防災インフラが整っていない場所では、大きな被害が出ます。日本は台風の襲来には慣れていますし、防災インフラもかなり整っていますが、現在の台風の上を行く台風が襲来する時代になれば、海外の被害のニュースも他人事ではありません。

なぜ、ゲリラ雷雨が増えているのか

冷たい空気は重く、暖かい空気は軽いため、寒気と暖気が混在すると、暖気は上へ、寒気は下へという動きが生じます。北から寒気が、南から暖気が来て、南北で温度差が生じると、暖気が寒気の上に斜《なな》めに滑昇、寒気は暖気の下に潜り込む動きが起こり、低気圧や前線が発生します。この場合は、数十キロから数百キロの範囲で一連の動きが起こる大規模な動きになるので、天気図にも表現できますし、予想も比較的簡単です。

しかし、地表面の暖かい空気の上に急激に寒気が流れ込み、上下に温度差ができると、上が重く、下が軽いという、何かの拍子にひっくり返りやすい状態になります。この状態を、「大気の状態が不安定になっている」と言います。

上下の温度差が拡大して、ますます不安定になると、寒気が下降して、暖気が上昇する動きが起こります。この上昇気流、下降気流はおたがいに空気を掻《か》き分け、押しのけながら、ひとつひとつの動きはわずか数キロ程度の範囲で同時多発的に起こるので、発生場所や時刻を正確に予想するのは困難です。しかも、急激に強い上昇気流が起こるので、局地的に積乱雲が発達して晴天から一転、突然激しい雨や落雷、突風になることもあります。

一九六〇年代に、気象庁のある職員がこのような天気の急変を「ゲリラ的に発生する」という表現をしたことから、「ゲリラ雷雨」「ゲリラ豪雨」という言葉が生まれました。ゲリラとは十九世紀初頭、スペインの独立戦争の際に、ナポレオンの大軍に対して、数に劣《おと》るスペイン側が取った奇襲戦法のことです。まさに、奇襲、不意打ちという言葉がぴったりで、局地的で急激に起こるのが、ゲリラ雷雨の特徴です。

語源となったゲリラ戦はいつ急襲されるかわからないものの、敵が付近に潜んでいる可能性は想定できます。ゲリラ雷雨も同じです。いつどこで起こるかは予測できないものの、今日起こってもおかしくない、場所はわからないがどこかで必ず起こる、という可能性なら予測可能です。

ポイントは、上空の温度です。高層気象観測によって得られた上空の温度や風向風速から数時間後あるいは数日後、上空に寒気が流れ込むかどうかは予想できますし、地上の気温も予想できます。前もって大気の状態がわかれば、天気予報はもちろん、雷注意報や気象情報などで注意を呼びかけます。

あとは、実際にいつどこで雷雨が起こるかどうかですが、これは前もってはわかりません。気象レーダーをこまめにチェックしていれば、雨雲が発生して発達、移動する様子がわかりますが、ゲリラ雷雨を引き起こすような積乱雲はわずか10～15分で急発達します。

気象庁のレーダー観測は5分間隔、国土交通省のレーダーは1分間隔で行なわれていますが、雨雲の発達が非常に速く、また観測結果が届くまでのタイムラグもあり、積乱雲の発生に気づいた時には、すでに雷雨が始まっていた、ということになりかねません。ですから、雷の予知と同様に、真っ黒い雲の接近や雷の音など、空の状況の変化から察知するしかありません。

さらにやっかいなのが、近年、雨の降り方が激しくなっていることです。ゲリラ雷雨そのものは、昔からありました。「春雷《しゅんらい》」という言葉があるように、春は冬の名残の強い寒気が上空に流れ込めば、雷雨になります。夏は寒気がそれほど強くなくても、山の斜面が

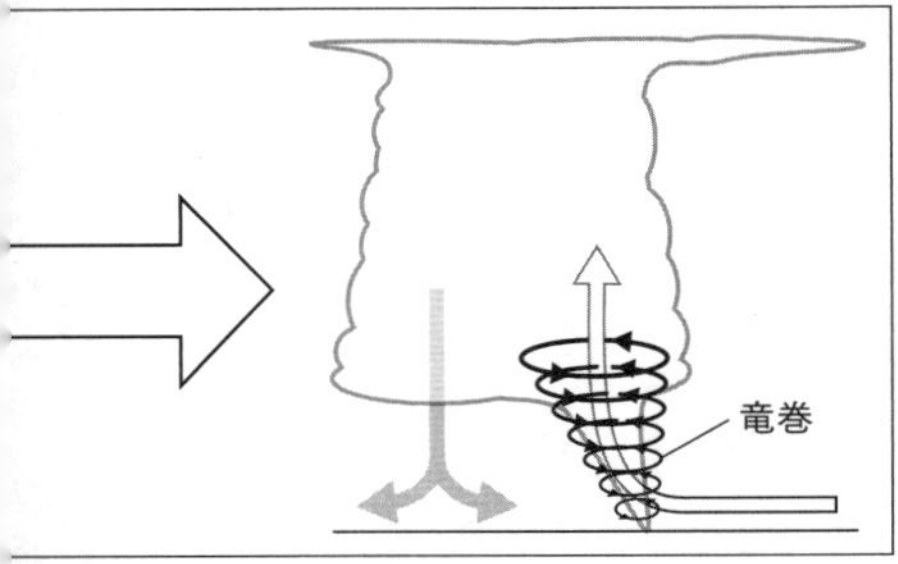

発達した積乱雲のもと、強い上昇気流によって地上の小さな渦巻きが持ち上げられ、積乱雲のなかの渦巻き（メソサイクロン）と結びつくと、竜巻が発生する

強い陽射しで暖まれば、山で発生した雷雲が麓《ふもと》まで流れる、ゲリラとは言えない予測可能な雷雨もありますし、平野部でも気温が高くなればゲリラ雷雨になることもあります。

しかし、最近は気温が年々高くなる傾向があります。日本では、40℃以上の気温が全国で過去27回観測されていますが、そのうち24回が一九九〇年以降です。

気温が高いということは、大気の状態が不安定になりやすい、ということです。夏は高気圧に覆われて下降気流が強いため、大気の状態が不安定になっても、すぐに上昇気流が起こるわけではありません。しかし、地上と上空の温度差が大きくなると――ひとつの目安として上空約5000mの気温と地上の温度差が40℃を超えると――地上の暖かい空気の浮力が下降気流に打ち勝って上昇気流が急発

図表38 竜巻《たつまき》のしくみ

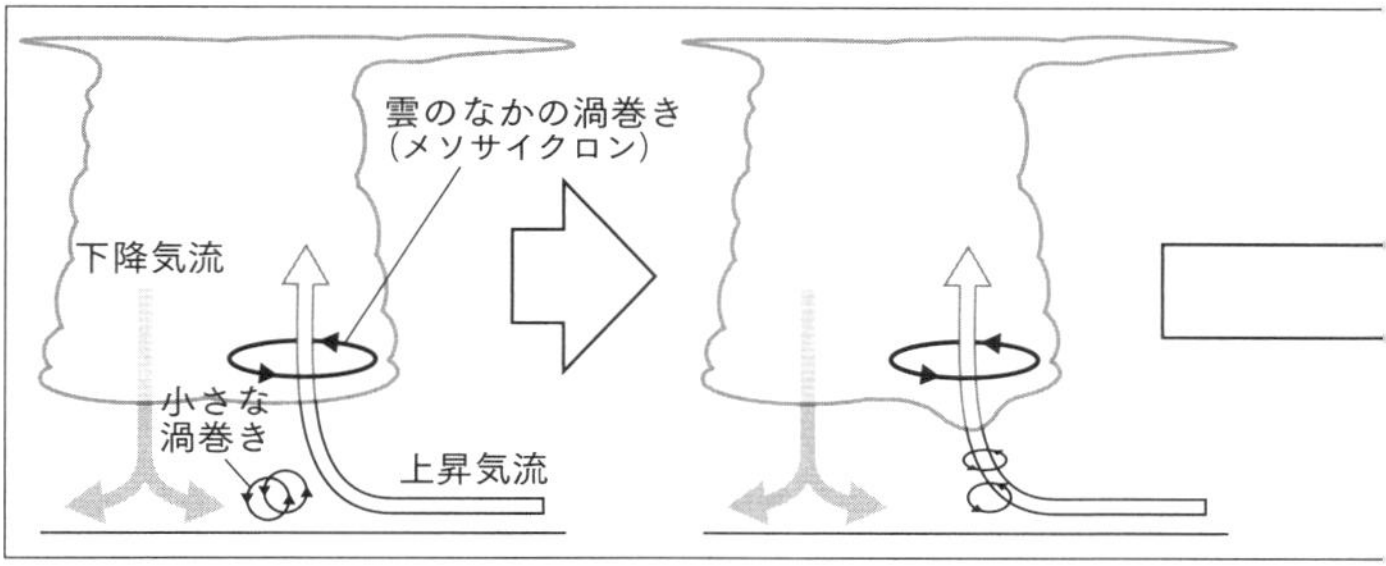

生、積乱雲が急発達することになります。

さらに、気温が高いということは、空気中に含まれている水蒸気量が多い可能性が高いことでもあります。このため、積乱雲ができると非常に濃密な雲になって、雨は激しく降り、落雷も激しく、雹《ひょう》が降る危険性も高まります。

また、強い上昇気流は竜巻を発生させることもあります(図表38)。

同時多発的に、バラバラに発生する積乱雲がたまたま組織的になり、分散していた上昇気流や下降気流が束《たば》ねられると、非常に強い上昇気流が発生します。この上昇気流は、雲のなかで「メソサイクロン」という渦巻きが生じます。いっぽう、同時に発生する強い下降気流は地上に衝突して周囲に広がり、地上の暖かい空気との間に「ガストフロント」という局地的な前線を作ります。ガストフロントでは空気がぶつかり合い、小さな渦巻きがあちこちで発生します。この渦巻きが、上空のメソサイクロンとつながると、竜巻になるのです。

竜巻は発生確率も低く、被害も限定的ですが、風速100m／sを超える地球上でもっとも強い風を引き起こしますから、竜巻の直撃を受けた場所では壊滅的な被害が出ます（写真2）。竜巻が発生しなくても、下降気流が地面に衝突した時に起こる「ダウンバースト」やガストフロントで起こる突風でも、大きな被害が生じます。

これからますます気温が高くなるとゲリラ雷雨が増え、ますます激しくなる可能性もあります。もちろん観測や予測の技術も進化するはずですが、正確な予測が難しく、想定外の雷雨が発生する状況はおそらく変わらないか、あるいは技術の進化が追いつかず、状況が悪化する可能性もあります。

猛暑日の急増

最高気温が25℃以上の日を「夏日《なつび》」、30℃以上の日を「真夏日」、35℃以上の日を「猛暑日」、そして一晩中気温が25℃を下回らない夜を「熱帯夜」と言いますが、気温の上昇傾

写真2 竜巻の被害

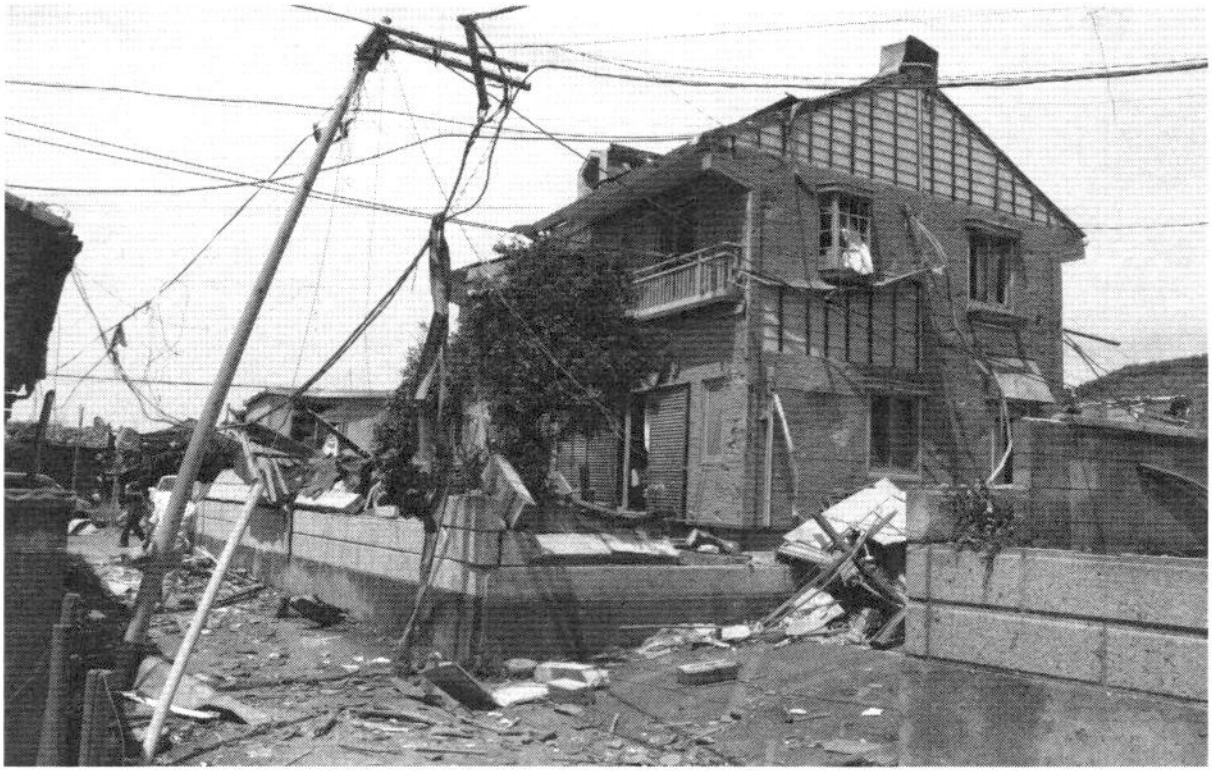

2012年5月6日、茨城県つくば市で発生した竜巻は死者1人、負傷者37人、建物全壊76棟、同半壊158棟の被害をもたらした

（出所：アフロ）

向は、最近は生命にかかわる深刻な事態も引き起こしています。

夏の厳しい暑さで熱中症にかかる人が増えており、毎年約5万人が救急搬送され、多い年には約1000人が熱中症で亡くなっています。史上もっとも暑い夏と言われた二〇一〇年には死者が1700人を超えましたが、これは大雨や台風などの気象災害による死者を大きく上回っています。

熱中症は、気温が25℃を超える頃からかかる人が現われ、28℃あたりから患者数が増加、30℃を超えると死者も増加します。気温だけでなく、湿度も重要です。人間は暑くなると汗をかき、その汗が蒸発する時の気化熱《きかねつ》によって体から熱が奪われることで体温を下げようとしますが、湿度が高いと汗をかいてもなかなか蒸発しないため体温が下がらず、熱中症になってしまいます。

日本の夏は30℃を超えるのがあたりまえですし、湿度も非常に高いため、もともと熱中症になりやすい環境ですが、近年は30℃どころか、35℃以上もめずらしくなく、40℃近くの記録的高温も場所によっては出現しています。

一九九四年、二〇〇〇年、二〇〇一年など、猛暑は過去に何度もありますが、熱中症で亡くなった人の数を見る限り、ここ数年のほうがはるかに死者が多くなっています。これは、気温がますます高くなっていることもありますが、亡くなった人のうち、65歳以上の人の割合が80%ほどを占めていることを考えると、高齢化が進んでいることも要因と考えられます。

熱中症にかかった場所も住居内が圧倒的に多く、また昼間に限らず、夜間でも発症しています。日本の夏は昼はもちろん、夜になっても暑さが続きやすい特徴があります。空気が乾燥していると、日が落ちれば気温も下がりますが、水蒸気が多いと、その水蒸気が熱を帯びて気温が下がりにくいばかりか、湿度が高いせいで体も冷えにくく、蒸し暑い夜になります。さすがに昼よりは気温が下がるものの、一晩中25℃を下回らない熱帯夜もめずらしくありません。

それどころか、一晩中30℃以上という夜も最近は出現しています。これまで、1日の最低気温が30℃を下回らなかった日は8回ありますが、そのうち7回は新潟県、富山県、石川県、福井県です。暖かく湿った南風が山を越えて日本海側に吹き降り、フェーン現象が起こったための一時的な現象と考えられます。

残る1回は東京都心で、二〇一三年八月十一日のこと。前日の最高気温は37・4℃という猛烈な暑さで、この熱気が夜になっても冷えきらず、朝まで31℃ほどの暑さが続き、当日の最高気温は前日を上回る38・3℃まで上がりました（ちなみに、この日は高知県の江川《えかわ》崎《さき》で日本の最高記録となる41・0℃を記録しています）。そして、日付が変わるまで30℃以上が続き、1日の最低気温が30・4℃に。最低気温の場合は朝と夜、2回最低気温が観測されるチャンスがありますが、どちらも30℃以上だったのは、この日だけです。

一晩中30℃を下回らなかった夜は、この他にも2回あります。昼間でも30℃あれば熱中症の危険があるのに、夜通し30℃では寝ている間も油断できません。

前述のように、気象庁が観測している気温は、風通しの良い日陰の気温です。夏の炎天下では、その気温より5℃以上高くなってもおかしくありませんし、締め切った車内などは50℃以上にもなります。高齢者に限らず、日本の真夏の猛烈な暑さは、生命の危険と隣り合わせと言っても過言ではありません。

このままでは、熱中症に注意しなければならない時期も前後に長くなるかもしれませんし、寒い時期から急激に気温が上昇するなど、変化が激しくなれば体が暑さに慣れることができず、より低い気温で熱中症が起こりやすくなることも考えられます。気温の予想は、ますます重要になってきますし、精度も求められるでしょう。

大雪も増えている

年々気温が上がっているとはいえ、シベリアの寒気がなくなっているわけではないので、冬になれば強い寒気が流れ込み、日本海側の地方はたびたび大雪に見舞われます。しかも、一九八〇年代後半からめっきり雪が少なくなったと言われていましたが、近年は再び大雪による被害が増えています。

その理由は定《さだ》かではありませんが、積雪の記録でも、一九八五年以前と二〇〇〇年以降が目立ち、日本はまだまだ大雪、豪雪のリスクが高い国と言えます。そのうえ、雪国の多くは高齢化と過疎化が進み、除雪作業や雪下ろし中の事故や、空き家が雪の重みで倒壊したりする事例が報告されています。

雪は、降ることよりも、地面に積もったり、樹木や構造物に付着したりするほうが問題です。積雪は交通障害や転倒によるけがを引き起こし、家の屋根に積もればその重みで家屋を傷《いた》めます。樹木や電線に付着すれば、倒木や電線の切断による停電、飛行機や列車に着雪すれば運行障害を起こすこともあります。

また、雪がやんだあとも、完全にとけるまでは影響が残ります。雪が積もっている限り、雪崩《なだれ》や落雪《らくせつ》の危険はありますし、とけ残った雪や雪どけ水が路面で凍結することによる事故、大量に雪どけが進んだ時の洪水《こうずい》や浸水《しんすい》なども起こります。

雪の予想・予報は困難

雪の予報は、雪が降ってどれだけ積もるのか、が重要になります。上空の寒気の強さ、日本に来るタイミングや抜けるタイミングなどは、今の予報技術なら、かなりの精度で予測することができます。問題は、その結果起こる現象の予測です。

シベリアの強い寒気は大陸で高気圧を発達させ、北西の季節風が日本列島に向かって吹き出してきます。暖かい海上に吹き出した寒気は低気圧を発生させ、その低気圧が北太平洋に進んで猛烈に発達、さらに北西の季節風を強めます。このため、寒気が強まると、まず暴風や高波に警戒が必要となります。しかし、風速や波の高さはスーパーコンピュータの計算で求めることができても、雪がどこにどれくらい降ってどれくらい積もるのかという、肝心の予想は非常に難しいのが実情です。

日本海側の雪は、暖かい日本海の上に寒気が入り込むことで大気の状態が不安定になり、同時に水蒸気が補給されることによって、積乱雲が発達して降ります。したがって、傾向としては寒気が強ければ雪も多くなりますが、雪雲の発達は、日本海の海面水温によっても左右されます。上空の気温が同じでも、海面水温が高ければ、海面と上空の温度差が大きくなって大気の状態が不安定になり、雪雲が発達します。

寒気がもっとも強くなるのは通常、一月下旬ですが、年によっては十二月や二月に、その冬一番の強い寒気が流れ込むことがあります。いっぽう、海面水温は寒流のリマン海流が流れ込む北部と、暖流の対馬海流の影響を受ける南部では、10℃以上の差がありますし、時期によっても違います。海面水温は、気温よりすこし遅れて変化するので、寒気が入り始める初冬はまだ高く、その後徐々に下がって、もっとも低くなるのは二月下旬から三月上旬。このため、ひと冬の間でも、強い寒気が入るタイミングと海面水温の状況の組み合わせで、雪の強さは違ってきます。

また、地形も影響します。日本海は北と南の端で幅が狭く、中央で幅が広くなっています。北西の季節風が日本海の上を吹き渡る距離が長いほど雲が発達、雪も多くなりますから、日本海の北部や南部よりも幅が広い中部で雲が発達しやすくなります（178ページの図表39）。

しかも、日本海中部の風上側、朝鮮半島の付け根《つね》には白頭山《はくとうさん》があり、同山で季節風が分流、風下側の日本海上で合流するところでは、さらに雲が発達します。その発達した雪雲

図表39 雲が発達しやすい冬の日本海（中部）

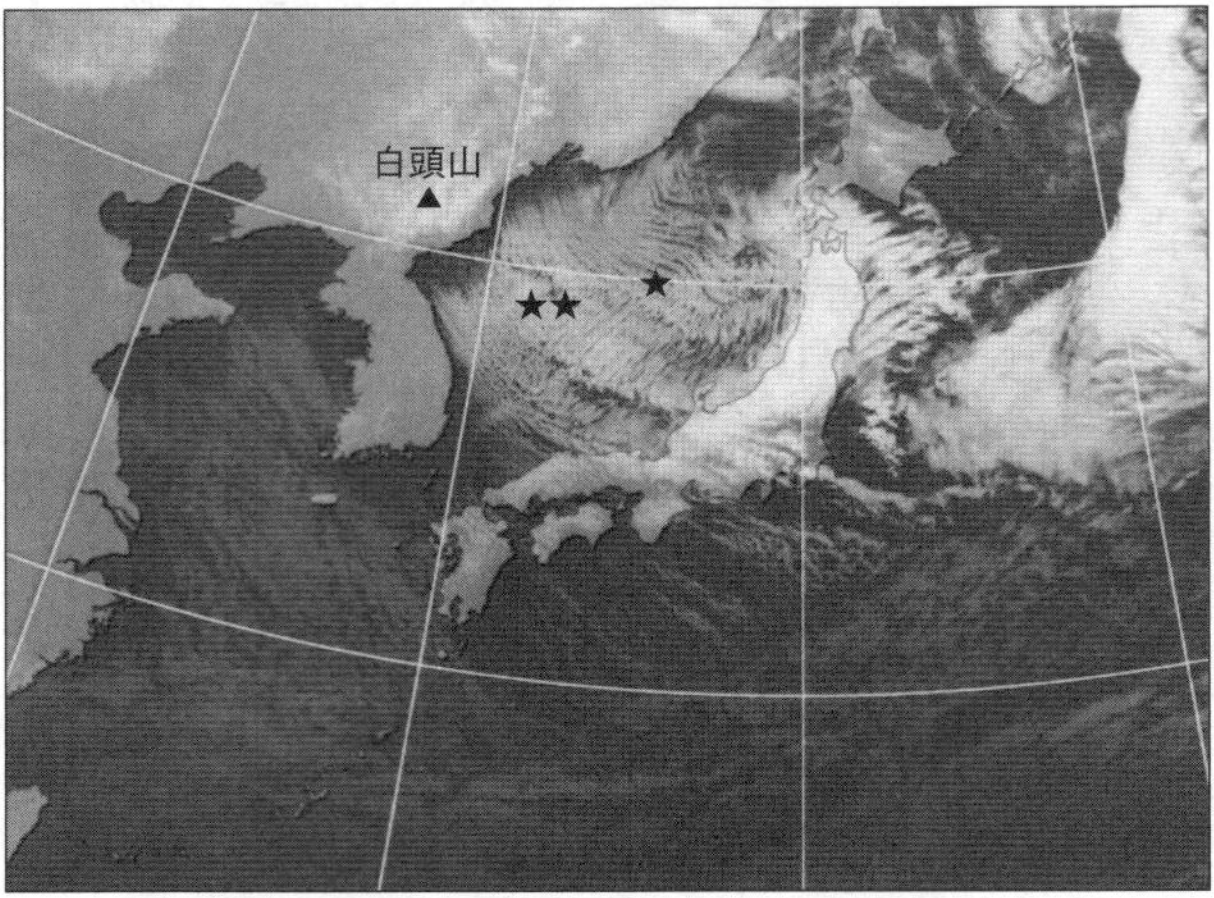

強い冬型の気圧配置のなか、幅が広い日本海の中部（★）では雪雲が発達する。中国・北朝鮮国境にある白頭山《はくとうさん》の風下側（★★）では、特に発達しやすい。2017年1月14日に観測

の塊《かたまり》が東北に流れるのか、北陸なのか、はたまた山陰なのか、その時の風向によって、雪の強まる場所も変わってきます。

もちろん、気温によって雨か雪か、また雪が降るなら、積もるのか積もらないのかが変わり、風の強さによっても山が主体の雪になるのか、沿岸の平野部でも降って積もるのかという違いも出てきます。雨と違って、風に飛ばされやすく吹き溜《だ》まりやすい雪は、降り方や積もり方が場所によって大きく異なり、局地的な細かい予報は

難しく、多いところで最大何㎝といった、幅のある予報にならざるを得ないのです。

日本海側の雪以上に難しいのが、太平洋側の大雪です。西高東低の冬型の気圧配置の時、太平洋側は基本的に晴れますが、山脈の切れ目が背後に控える東海地方、北側の山の標高が低い中国地方や四国の瀬戸内海側の地方などは、あまりに寒気が強まると雪雲が流れ出し、晴天から一転、雪になることがあります。その境《さかい》の見極めが非常に難しく、ちょっとした違いで予報がまったくはずれることにもなりかねません。

もっともやっかいなのが、日本の南《みなみ》海上を通る低気圧、南岸低気圧による関東などの大雪です。寒気が強く、冬型の気圧配置になると、太平洋を通る低気圧は、北西の季節風に押し出されるように陸地を離れて、はるか沖合《おきあい》を通過するので、雲がかかることはありませんが、寒気が弱まると、南岸低気圧が陸地の近くを通るようになり、雨雲が陸地にかかります。この時に、気温が高ければ雨になりますが、気温が低いと雪になり、しかも大雪になるおそれがあります（180ページの図表40）。

南岸低気圧で雪になるかどうかは、上空１５００ｍの気温マイナス４℃以下、地上気温２℃以下、空気が乾燥して、風は北から北西など、ある程度の目安はありますが、大雪に

図表40 太平洋側で大雪となる気圧配置

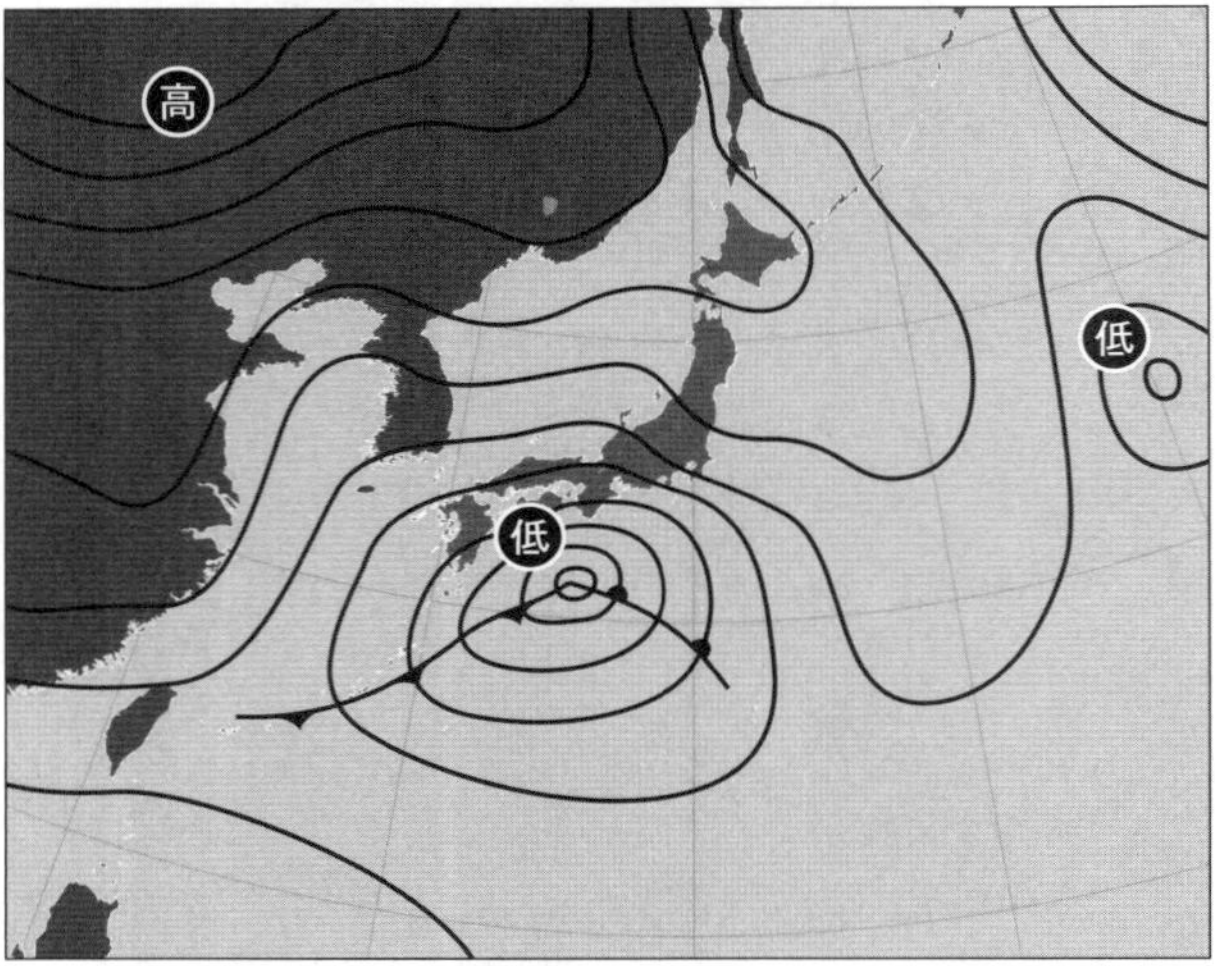

2014年２月８日、東京で積雪27㎝を記録した時の天気図。大陸から張り出す冷たい高気圧に囲まれるように、低気圧が本州の南岸を進んでいる

なった事例を見ると、必ずしもこの条件に当てはまるわけではありません。

上空の気温が高くても地上が冷えて雪になったり、地上の気温が高かったのに、雪の降り方が強く、とけるまもなく積もったり、ということがしばしば起こります。しかも、その温度がわずか０・５℃低くなっただけで、雨が雪になったり、さらに積もったりすることもあるので、予想は困難を極めます。

気温が高いのに大雪⁉

このように予想が困難にもかかわらず、社会的な影響が大きいのが関東の大雪です。二〇一四年の二月、東京都心で２週連続で積雪27㎝という、45年ぶりの大雪が観測されました。山梨県甲府《こうふ》市では１１４㎝、群馬県前橋市で73㎝など、観測史上の記録となる積雪も各地で観測されています。

雪に慣れていない人が多い東京都区部では、２㎝も積もれば転倒によるけがや、スリップによる事故が起こります。この日は暴風の影響もあり、全国で死者24人、住居の損壊、停電、農業被害などの被害が出たほか、２週連続で首都圏の交通機関が麻痺《まひ》する事態となりました。さらに、関東にとどまらず、首都圏から延《の》びた渋滞が東海地方など、かなり遠方まで波及しました。

近年、気温が高くなってきていると述べたばかりですが、大雪が増加傾向というのは矛盾《むじゅん》していると思われるかもしれません。しかし、これは、気温が高くなってきたため、空気中の水蒸気が増えていることが関連していると思われます。水蒸気が多くなれば雲も発達、降水量も多くなります。この状態で気温が低ければ大雪になるのです。これまでは、大寒波イコール大雪、という関係性である程度予想できたかもしれませんが、今後はそう単純にいかないかもしれません。

気温が高い状況で降る雪は非常に重く、べたついているため、一見《いっけん》積雪が少ないように見えても、積雪荷重《かじゅう》による被害が増えたり、今はパウダースノーの北海道でも雪質が変わったりするかもしれません。

新たな災害を生む「都市気候」

人間の生活には水が欠かせません。飲料水はもちろん、農業や工業でも大量の水が必要とされます。物流でも、運河や川を使った水運があります。このように、世界の大都市の多くは必然的に、川の近くや河口付近で発展してきました。しかし、大きな川のそばは、洪水や浸水の危険と隣り合わせです。水をどう制御するかは、都市が安全に発展するための大きな課題のひとつです。

河川には堤防を築き、護岸《ごがん》を整備。場合によっては本流と別に放水路を設けて、増水や氾濫《はんらん》に備えました。崖《がけ》はコンクリートで固めて、土砂災害の危険を減らしています。また、上下水道を整備して、衛生的で水はけの良い生活環境を整え、車輪を使う交通手段の普及に応じて、中小河川の暗渠《あんきょ》化や道路の舗装も進みました。

　こうして、安全で便利な都市が誕生すると、ますます人口が増加。限られた面積に多くの機能と人を詰め込むために、都市は縦に成長し、背の高いビルが林立するようになりました。こうした大都市独特の形状が生み出したのが、「都市気候」です。

　都市気候の一番の特徴は、発熱と蓄熱《ちくねつ》です。人口が集積している大都市では、人間活動によってさまざまな熱が発生します。工場、自動車、機械装置など、人工的な熱源が多いため、郊外よりも気温が高くなります。また、コンクリートやアスファルトは言わば岩石ですから、晴れると熱くなり、地上の空気を暖めます。

　しかも、平坦な土地と違い、多くの建物による細かい起伏が存在するため、向かい合ったビルの壁どうしで熱を交換するだけで、熱せられた壁面や路面が冷えにくく、ビルの谷間のような街路などに熱気が蓄積されます。

　風も違います。都市部は大きな建物のせいで風通しが悪く、すずしい空気との入れ替えもなかなか起こりません。地面が土や植生ならば雨のあと、湿った地面から徐々に水蒸気が蒸発することによって、地面から気化熱が奪われ、地域全体を地面から冷やす効果がありますが、コンクリートやアスファルトの地面は、雨が降ってもすぐに乾いてしまうので、水蒸気の蒸発による冷却効果が期待できません。

これだけ暑くなる条件が揃っていると、昼に気温が上がるのはもちろん、夜になってもその熱がこもり、気温が郊外ほど下がりません。東京都心で最低気温が30℃を下回らない日が現われたのも、この都市気候が影響しているのはまちがいないでしょう。冬の朝も、郊外よりも、また都市化が進む前よりも、確実に気温は高くなっています。

都市気候のもうひとつの特徴は、湿度が低いことです。地面がコンクリートやアスファルトで覆われていることが理由のひとつですし、気温が高いことによっても湿度は低くなります。空気が乾燥していることで、霜《しも》や濃霧は起こりにくくなりますが、地面のちりや埃《ほこり》が舞い上がりやすく、スギ花粉などさまざまなアレルギー物質も浮遊しやすくなります。空気が乾燥しやすい冬には極端に湿度が低くなり、火災の危険も高くなります。

都市気候の影響は、都市部だけにとどまりません。夏になると、日中の海風によって、都市部の熱気が徐々に内陸部に運ばれ、関東では東京都心よりも埼玉県や群馬県、東海地方では愛知県名古屋市内よりも岐阜県など、中心都市のすこし内陸部のほうが気温が高くなり、時には40℃近い異常な猛暑になることもあります。

都市型水害の恐怖

都市気候は、都市特有の災害も引き起こしています。夏、都市部の空気の塊《かたまり》は、高温により膨張しようとしますが、周囲や上空の空気に押さえられているため、膨張しきれずに内部の圧力が高まります。イメージとしては、都市の上だけ、お椀を伏せたような熱気の塊・高気圧ができると思えばいいでしょう。

そこに、海から風が吹いてくると、高気圧を避けるように左右に分流する流れと、高気圧に乗り上げるように都市の上を吹き抜ける流れが生じます。それぞれの流れが、風下側、つまり内陸部の郊外で合流、上昇気流が強まり、都市部の近隣で突然、積乱雲が発達するのです。あるいは、都市部の熱い空気の塊の真上に強い寒気が流れ込むと、大気の状態が不安定になり、都市の真ん中で積乱雲が発生することもあります。

これらの積乱雲は、１時間に50㎜を上回るような激しい雨を短時間、降らせます。もちろん、そのような雨が降っても、現在の頑丈な建物はビクともしません。問題は、排水です。都会では、雨水が地面に浸《し》み込もうにも、土は少なく、道路の側溝《そっこう》などから、下水道を経由して排水するしかありません。しかし、下水道の排水能力は、1時間に50㎜程度の雨量が限界。それ以上は下水道に流しきれず、あふれることになります（写真3）。

道路やアンダーパス、低い土地に建つ住家、地下室や地下街、地下鉄、中小河川……本来なら水が来ないはずの場所でも、低いところであれば浸水します。逃げ遅れた人が溺《おぼ》れたり、アンダーパスを通過中の車が水没したりする事例も起こっています。しかも下水ですから、水が引いたあとも衛生上の問題が出てきます。

このように、雷雨に限らず、台風、前線、低気圧の雨でも激しく降れば、外部からの浸水ではなく、降った雨がその地域であふれる「内水氾濫《ないすいはんらん》」が起こりやすいのが、都市型水害の特徴です。

最近は、地下に大型の雨水貯留施設ができており、下水管もどんどん太くしていますが、都会の地下に網《あみ》の目《め》のように張り巡らされた下水道をすべて更新するには、相当な期間が必要です。その間にも、雨は年々激しく降るようになっていますし、機密性の高い屋

写真3 都市の豪雨被害

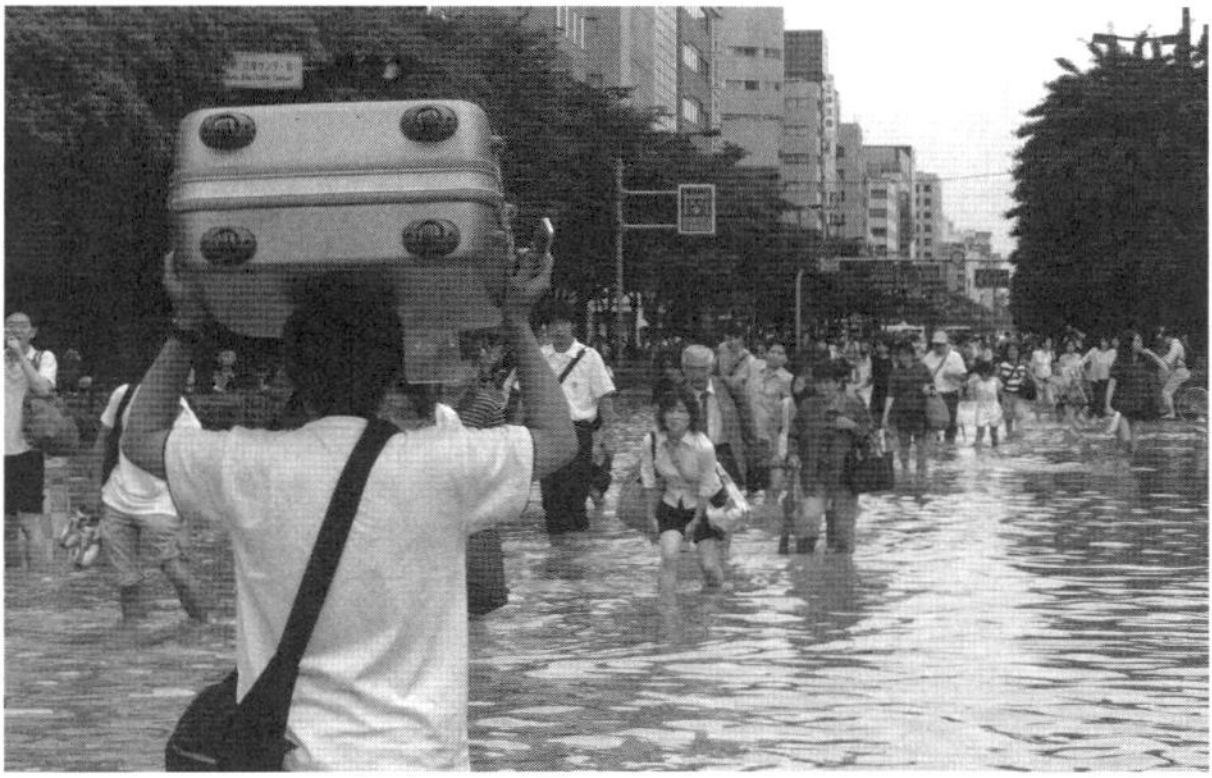

2003年7月18～21日、九州北部を1時間50㎜を超える豪雨が襲った。冠水《かんすい》した福岡県福岡市の道路と博多《はかた》駅に向かう人たち

（出所：読売新聞/アフロ）

内や地下にいると、外の状況がまったくわからないこともあります。

台風が直撃した場合などの暴風も、都会で猛威をふるいます。交通機関への影響はもちろん、工事現場の足場が崩れる、古い看板が落下する、路上に置かれた立て看板や旗が倒れる、飛散する、自転車が将棋倒しになって道路が通行できなくなる、など頑丈な構造物が多いはずの市街地でも、建物を一歩出れば、あちこちに危険が潜んでいるのです。

便利で安全なはずの都会が、強まる風雨に対して、相対的に弱くなっているのかもしれません。また、都会で生活する人も、日頃安全なだけに、危機感が薄くなっているようです。

エルニーニョとラニーニャのしくみ

海は最大の水蒸気の供給源であると同時に、大気の温度と海面の温度の差によって上昇気流や下降気流を引き起こす、大気現象の原動力とも言うべき存在です。

海面水温が高ければ、大気を下から暖め、水蒸気を供給することで上昇気流が強化され、雨雲が発達し、海面水温が低ければ、空気を冷やして海面に濃い霧を発生させることもあります。同じ海域の海面に温度差があれば、高いところで上昇気流が起こることが引き金となり、低いところで下降気流が起こるという循環も生まれます。

その循環の大規模なものが、南北方向で起こるハドレー循環ですが、東西方向にも「ウォーカー循環」が存在します。簡単に説明しましょう。

太平洋赤道海域では偏東風が吹いているため、海面の暖かい海水は西へ流されます。その結果、同じ太平洋赤道海域でも、西側のアジア寄りの海面水温は高くなっており、東側の南米寄りの海では、暖かい表層水が西に移動するため、深層の冷たい水が浮上してきて、海面水温が相対的に低くなっています。

この海面水温の分布に応じて、インドネシアなどアジアでは上昇気流、反対に南米の太平洋沿岸部は下降気流になって、東西に大きな循環が発生します。これがウォーカー循環です。上昇気流がさかんなアジア側では雨雲が発達しやすく雨もたくさん降りますが、下降気流になる南米側ではあまり雨が降らないのが、通常パターンです（190〜191ページの図表41の上段）。

しかし、この海面水温の分布はいつも同じとは限りません。南米ペルー沿岸では、クリスマスの頃に海面水温が上昇して、通常とは違う魚が獲《と》れることがあります。地元の漁民は、これをクリスマス・プレゼントになぞらえたのか、スペイン語で、神の子イエス・キリストを含意する男の子、すなわち「エルニーニョ」と呼びました。

同現象を研究しているうち、この海面水温の変動は、ペルー沖の局地的な現象ではなく、太平洋赤道海域全体で起こっている海面水温の分布の変化であることがわかってきました。何かのきっかけで、赤道付近の偏東風が弱まると、海水の西への吹き寄せも弱まり、暖水域がアジア側から東へ移動。南米沿岸では深層水が湧き上がってこなくなるため、海面水温が上昇するのです。今では、エルニーニョはこの状態を指した言葉になっています（図表41の中段）。

海面水温が変化すれば当然、大気への影響も変わります。アジア側では、雨雲ができやすい場所が暖水域の移動に連動して東へ移ります。すると、ハドレー循環によって太平洋高気圧の位置も東に移動するため、夏は日本付近への張り出しが弱くなり、冷夏傾向となります。また、太平洋高気圧から吹き出す暖かい空気が、北方の寒気とぶつかる場所も東

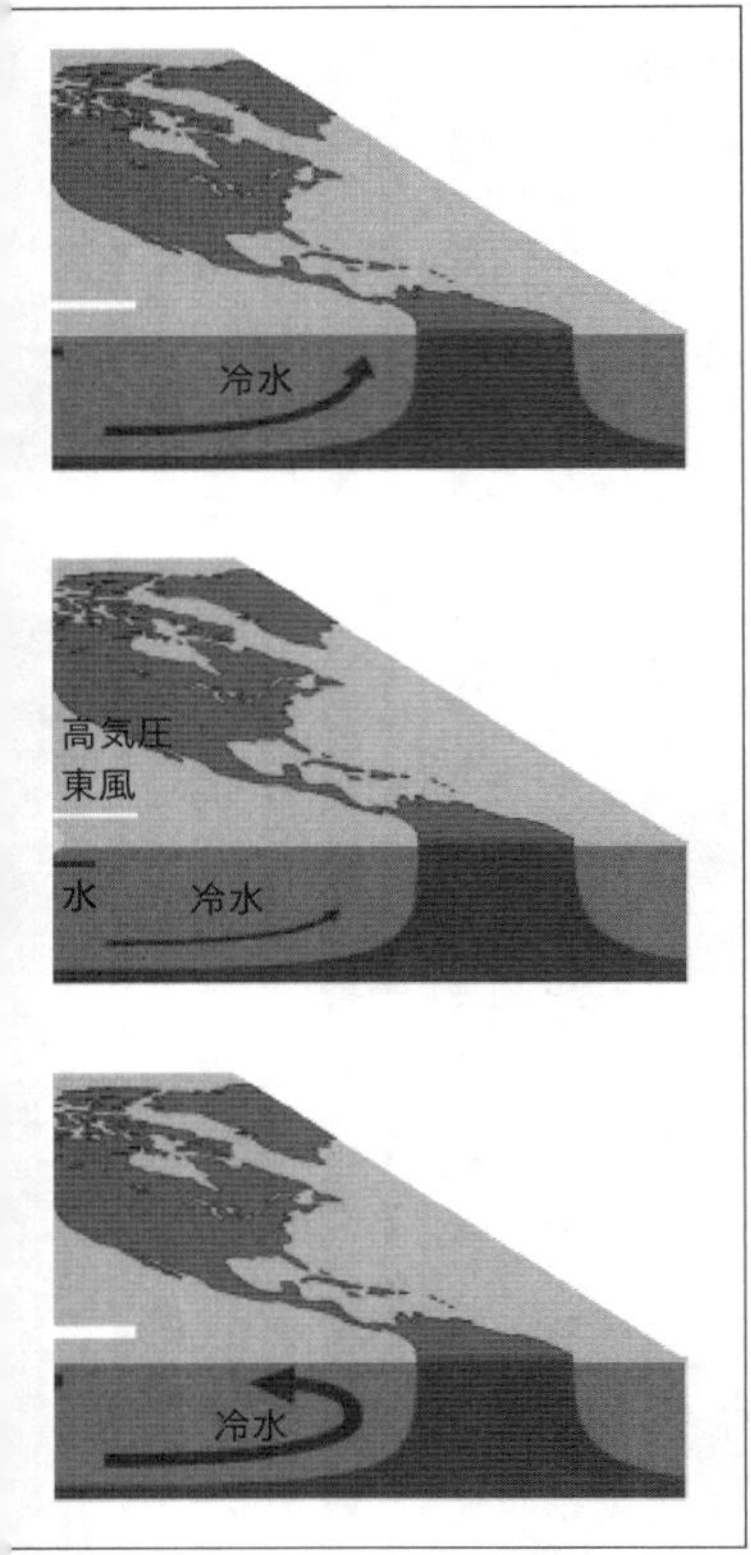

図表41 「エルニーニョ」「ラニーニャ」のしくみ

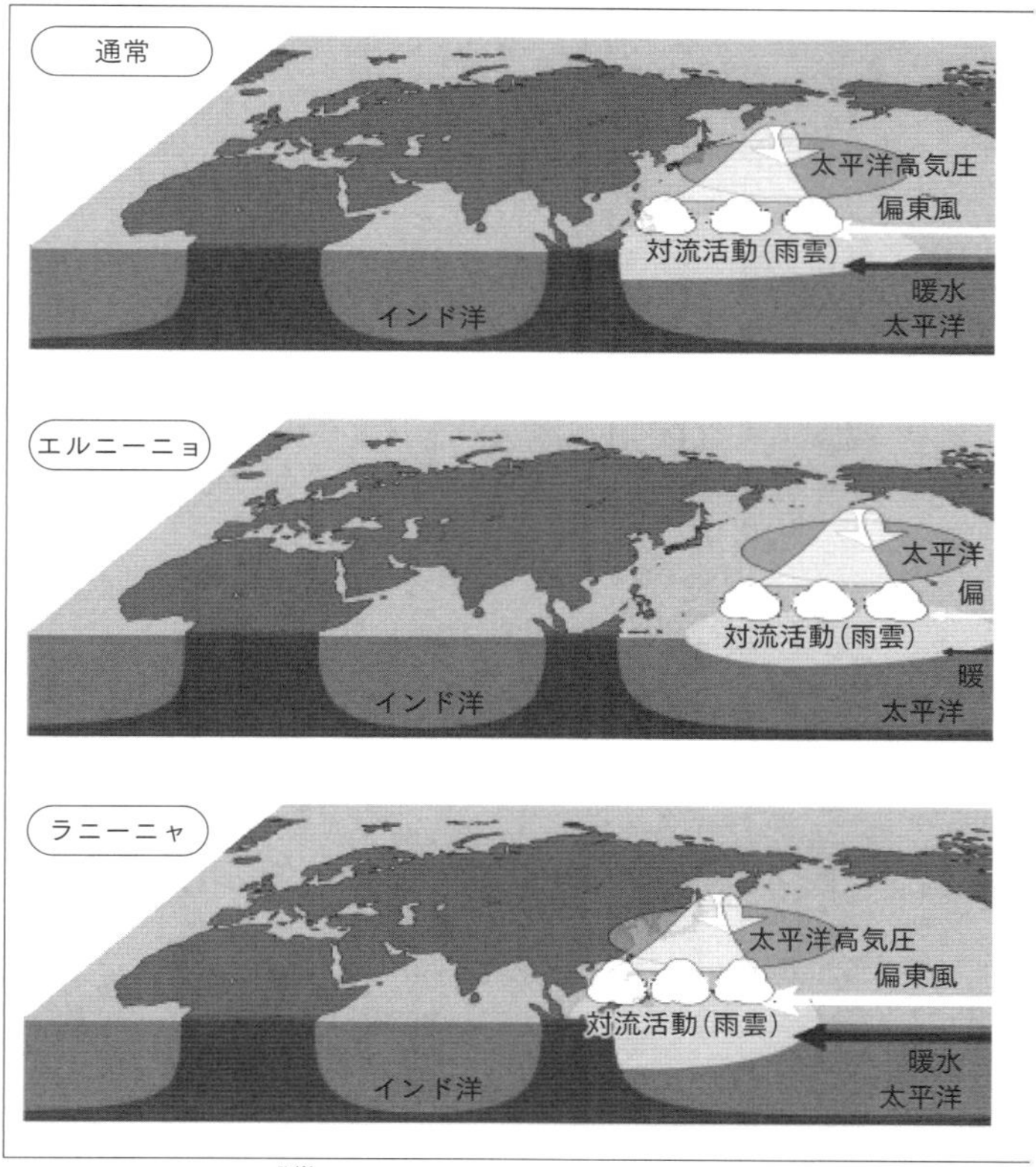

通常は、フィリピン東《ひがし》海上の対流活動が活発で、その北に太平洋高気圧ができる(上段)。なんらかのきっかけで赤道付近の偏東風《へんとうふう》が弱まり、対流活動と太平洋高気圧が東に移動するのがエルニーニョ(中段)。これとは反対に、偏東風が強まり、対流活動と太平洋高気圧が西に移動するのがラニーニャ(下段)

に移るため、冬は北太平洋の低気圧が日本から東へ離れ、寒気の流れ込みが弱まり、暖冬傾向になります。いっぽう、南米大陸側では、通常よりも雨雲が発生、発達しやすく、豪雨になることがあります。

エルニーニョとは反対に、赤道の偏東風が強まり、アジア側への暖水の吹き寄せが強まると、アジア側の海面水温は西で高く、南米側の海面水温はますます低くなります。雨雲の位置も西寄りに、連動して太平洋高気圧も西に張り出し、夏は猛暑になり、冬は北太平洋の低気圧が日本に近づくので強い寒気が流れ込み、寒冬《かんとう》になる傾向があります。この状態を、スペイン語で女の子を意味する「ラニーニャ」と言います（図表41の下段）。

海面水温の上昇がもたらすもの

エルニーニョやラニーニャは少なくとも数カ月続き、気圧配置の分布が玉突き式に影響して、世界中で異常気象が起こるおそれがあり、日本では台風の発生や進路にも大きくかかわるため、事前に知りたいところですが、その発生原因がまだ定かではなく、正確な予想は困難です。

実況の海面水温の分布の状況を見ながら、数カ月先にエルニーニョやラニーニャが起こるかどうか、その可能性は予想されています。しかし、海面水温の異常が、どの程度の規模で、持続期間がどれくらいなのかはわかりません。当然、その結果引き起こされる天候への影響も、具体的には予想できません。

しかも、同じような海面水温の分布の変化は、太平洋赤道海域だけで起こるわけではありません。大西洋でも、インド洋でも起こりますし、同じ太平洋でも、もっと緯度の高い海域でも起こりますし、高緯度の海域と赤道海域の間の、南北の海面水温バランスも変化します。これらの組み合わせの結果が天候や気候に現われるので、海洋の影響を受けやすい長期間の予想は非常に難しく、また、こうした異常が起こっている時には、日々の天気も想定外の現象が現われやすくなります。

それでも、海面水温の分布が変化するだけならまだましで、近年は海面水温全体の温度変化も生じています。極端に言えば、エルニーニョもラニーニャも関係なく、海面水温全体が高い、という状況が現われてもおかしくありません。こうなると、赤道の上昇気流がどこで活発になって、太平洋高気圧の広がり方がどうなるのか、ますます見当がつきにくくなってしまいます。

日本近海の海面水温が上昇すると、同じ低気圧でも雨雲が発達して、雨量が多くなる、雨の降り方がますます激しくなる、ということも考えられますし、台風もあまり衰えずに接近するかもしれません。

また、海沿いの地域では、夏はすずしい海風が吹いて気温の上昇が抑えられますが、その効果も薄れるでしょう。実際、東京湾の海面水温は真夏には30℃にも達しており、海風が吹いても全然すずしくない状況になっています。東京都心の最低気温が30℃を下回らないのもうなずけます。いっぽう、日本海の海面水温が上昇すると、冬は日本海側の雪が多くなるかもしれません。

やかんに水を入れて、お湯を沸《わ》かそうとすると、ある程度時間がかかります。カップに入れた熱いお茶が冷めるにも、やはり時間がかかります。このように、水はなかなか暖まらないのと同時に、一度暖まるとなかなか冷えない物質です。

現在、世界の海面水温は100年で約0・5℃のペース、日本近海の海面水温はそのペースを大きく上回る100年で約1℃以上のペースで上昇しています。今後、この海面水温の上昇が止まったとしても、元に戻るにはかなりの時間が必要です。不定期に起こるエルニーニョやラニーニャと合わせて、想定外の現象が起こりやすい事態は今後も続く、あるいは今後増えると思っていたほうがいいでしょう。

地球温暖化は環境問題ではない⁉

ここまで何度か触れたように、天気現象の起こり方が変化してきています。気温は年々上昇傾向にあり、雨の降り方が激しくなり、いっぽうで極端な寒波や大雪にも見舞われています。その原因は、通常起こり得る変動の幅のなかで、たまたま極端なものが現われているのかもしれませんし、数年に一度現われるエルニーニョのような海面水温の異常に起因しているのかもしれません。

いずれにせよ、自然現象はさまざまな要因が組み合わさって起こるため、原因をひとつだけに絞《しぼ》り込むのは無理があります。ただ、考えられる要因のひとつに、地球温暖化が加わっているのはまちがいありません。

地球全体の気温は、平均約15℃。しかし、太陽から受け取るエネルギーと、地球が宇宙に放射する熱量から計算した平均気温はマイナス18℃になり、33℃の開きがあります。これは、地球の大気に含まれる二酸化炭素や水蒸気などが、地球から宇宙に放射される熱の一部を吸収して、大気を暖めているためです（図表42）。

これが「温室効果」であり、その原因となる物質が「温室効果ガス」です。温室効果ガスの代表的なものは水蒸気で、33℃のうち半分ほどが水蒸気によるものです。次いで、二酸化炭素の影響が約20％、そして雲の影響も20％近くになります。水蒸気と雲を合わせると、温室効果のかなりの部分が物質としての水に起因することになります。

水の三相《さんそう》（60ページ）が存在する微妙なバランスの気温が、水の存在自体によって保たれているというのも不思議な感じがしますが、水は時間や場所によって、その量も、存在する形も絶えず変化しており、一定ではありません。このため、地球温暖化にどの程度影響しているのかを推測するのは困難です。

いっぽう、二酸化炭素は、空気中に含まれる量は0・04％ほどの微々《びび》たるものですが、温室効果への寄与度が高く、本来その濃度はほぼ一定であるはずです。しかし、この二酸化炭素濃度が、十九世紀半ばと比べると40％以上増加しています。増加に応じて世界の平

図表42「温室効果」のしくみ

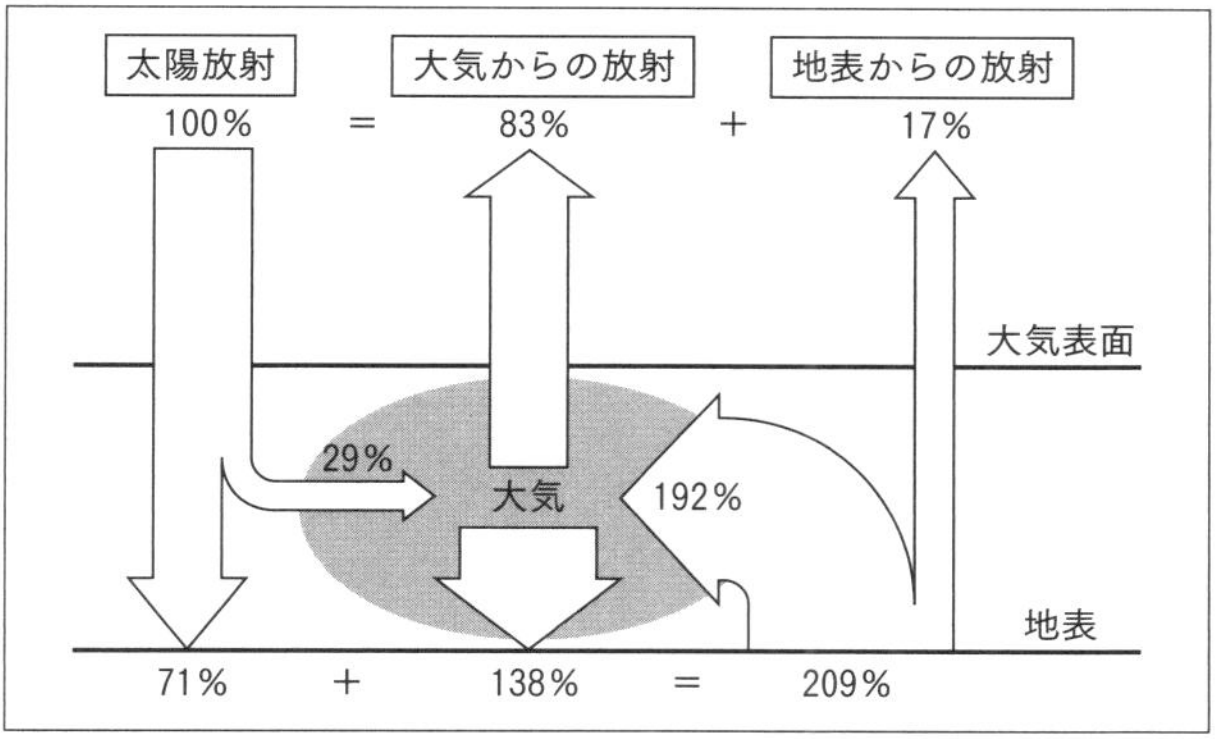

地球が太陽から受け取る熱量を100%とした時の大気を取り巻く熱の循環を示している。地表を暖めた熱が大気を暖め、その大気がまた地表を暖めるというように、大気は熱を抱え込み、生物が存在できる絶妙な温度に保っている

均気温も上昇していることから、二酸化炭素濃度の上昇によって温室効果が強まって気温が上昇、気温が上昇すれば大気中の水蒸気量も増えるため、さらに温室効果が進み、温暖化が進む、と考えられています。

そして、二酸化炭素の濃度が上がったのは、そのタイミングが産業革命から世界の工業化の進展と一致しているため、工業化による化石燃料（石油、石炭、天然ガス）の消費であるという意見が大勢《たいせい》を占めています。

ですから、地球温暖化を食い止めるには、化石燃料の消費を減らし、二酸化炭素の吸収源である森林を保護するなど、二酸化炭素の濃度を低下させるための対策が必要です。しかも、これは世界が協調して行なわれなければ効果はなく、特に二酸化炭素の排出が多い中国とアメリカの対策が重要です。

こうなると、もはや地球温暖化は環境問題と言うよりも、政治経済の問題と言えます。しかし、たとえば、二〇一五年の第21回気候変動枠組条約締約国会議（COP《コップ》21）で採択されたパリ協定に対しても、中国がパリ協定の推進を表明するいっぽうで、アメリカのトランプ大統領が自国経済に悪影響をおよぼすという理由で離脱を表明したように、大国の足並みが揃っていないのが現状です。

これまでの〝常識〟が通用しない時代

地球温暖化は天候や災害にも影響をおよぼすだけでなく、農業生産や生態系への影響、海面上昇や氷河の融解による地理的変化など、非常に大きな変動をもたらす懸念《けねん》がありま す。特に、自然災害に関しては極端な現象が多くなることで、現象の予測が大変難しくなる可能性があります。ただでさえ激しい現象が増えている状況で、想定外の事態が増えるかもしれません。

　近年は、地球温暖化に対する抑止策はもちろん、適応策も検討されています。これは、地球温暖化は、もはやすぐに抑制できるレベルではなく、ますます進む前提で考えなければならなくなっていることを意味しています。現状のインフラや情報の発信、伝達体制では、将来の災害への備えにはならない可能性もあります。

　また、われわれは地球温暖化のみならず、主に工業化による黄砂《こうさ》への有害微粒子の混入、ＰＭ２・５などの大気汚染、大気中の硫黄《いおう》酸化物の増加などによる酸性雨や酸性雪、水質汚染、土壌汚染など、さまざまな環境問題に直面しています。いっぽう、社会的には高齢化問題やインフラの老朽化など、環境変化に対して弱くなっている面もあります。

　二十世紀までは、このような変化があまりなかったので、この季節はだいたいこのようなもの、このようなことが起こることがある、という経験値だけで天気予報も成立していました。その後、科学的な天気予報が確立。今ではスーパーコンピュータで精緻《せいち》に計算されていますが、地球環境が急激に変化すれば、その能力が追いつかなくなることがあるかもしれませんあるいは、きちんと予想されているのに、あまりに極端な予想ゆえにエラーになってしまったり、信じ難くて無視されてしまったり、ということも起こるかもしれません。さらには、現象の予想はできても取るべき対応がわからない、という事態もあり得ます。

今後、天気予報がいっそう難しい時代が来るでしょう。技術の進歩と現象の追いかけっこ、人間と自然の闘いは、まだまだ続くのです。

切りとり線

★読者のみなさまにお願い

この本をお読みになって、どんな感想をお持ちでしょうか。祥伝社のホームページから書評をお送りいただけたら、ありがたく存じます。今後の企画の参考にさせていただきます。また、次ページの原稿用紙を切り取り、左記まで郵送していただいても結構です。

お寄せいただいた書評は、ご了解のうえ新聞・雑誌などを通じて紹介させていただくこともあります。採用の場合は、特製図書カードを差しあげます。

なお、ご記入いただいたお名前、ご住所、ご連絡先等は、書評紹介の事前了解、謝礼のお届け以外の目的で利用することはありません。また、それらの情報を6カ月を越えて保管することもありません。

〒101-8701（お手紙は郵便番号だけで届きます）
祥伝社新書編集部
電話03（3265）2310
祥伝社ホームページ　http://www.shodensha.co.jp/bookreview/

★本書の購買動機（新聞名か雑誌名、あるいは○をつけてください）

＿＿＿＿新聞の広告を見て	＿＿＿＿誌の広告を見て	＿＿＿＿新聞の書評を見て	＿＿＿＿誌の書評を見て	書店で見かけて	知人のすすめで

★100字書評……異常気象はなぜ増えたのか

名前

住所

年齢

職業

森 朗　もり・あきら

気象予報士、ウェザーマップ代表取締役社長。1959年、東京都生まれ。1982年、慶應義塾大学法学部政治学科卒業後、日鐵建材工業（現・日鐵住金建材）入社。1995年、趣味のウィンドサーフィンや海好きが高じて気象予報士資格を取得、ウェザーマップに入社。TOKYO MX「気象情報」、中部日本放送「サタデー生ワイド そらナビ」、TBS「あの街この町天気予報」などを経て現在、TBS「ひるおび！」に出演中。著書に『風と波を知る101のコツ』『海の気象がよくわかる本』など。

異常気象《いじょうきしょう》はなぜ増《ふ》えたのか

——ゼロからわかる天気《てんき》のしくみ

森《もり》 朗《あきら》

2017年10月10日　初版第1刷発行
2017年11月20日　　第2刷発行

発行者……………辻 浩明

発行所……………祥伝社《しょうでんしゃ》

〒101-8701　東京都千代田区神田神保町3-3
電話　03(3265)2081(販売部)
電話　03(3265)2310(編集部)
電話　03(3265)3622(業務部)
ホームページ　http://www.shodensha.co.jp/

装丁者……………盛川和洋

印刷所……………萩原印刷

製本所……………ナショナル製本

Printed in Japan ISBN978-4-396-11517-3 C0244

〈祥伝社新書〉

大人が楽しむ理系の世界

〈祥伝社新書〉
医学・健康の最新情報

314
「酵素」の謎
なぜ病気を防ぎ、寿命を延ばすのか
人間の寿命は、体内酵素の量で決まる。酵素栄養学の第一人者がやさしく説く
医師
鶴見隆史《たかふみ》

348
臓器の時間
進み方が寿命を決める
臓器は考える、記憶する、つながる……最先端医学はここまで進んでいる！
慶應義塾大学医学部教授
伊藤　裕《ひろし》

438
腸を鍛える
腸内細菌と腸内フローラ
腸内細菌と腸内フローラが人体に及ぼすしくみを解説、その実践法を紹介する
東京大学名誉教授
光岡知足《ともたり》

307
肥満遺伝子
やせるために知っておくべきこと
太る人、太らない人を分けるものとは？　肥満の新常識！
順天堂大学大学院教授
白澤卓二

319
本当は怖い「糖質制限」
糖尿病治療の権威が警告！　それでも、あなたは実行しますか？
医師
岡本　卓《たかし》